Part
1

フラーレン「C_{70}」

素材 厚紙

フラーレン「C_{72}」

素材 厚紙

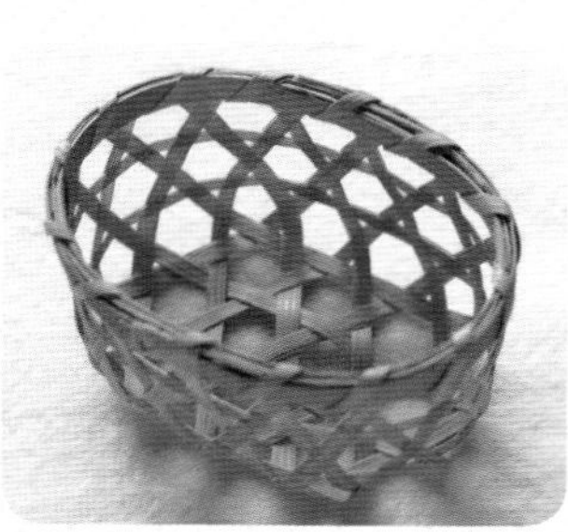

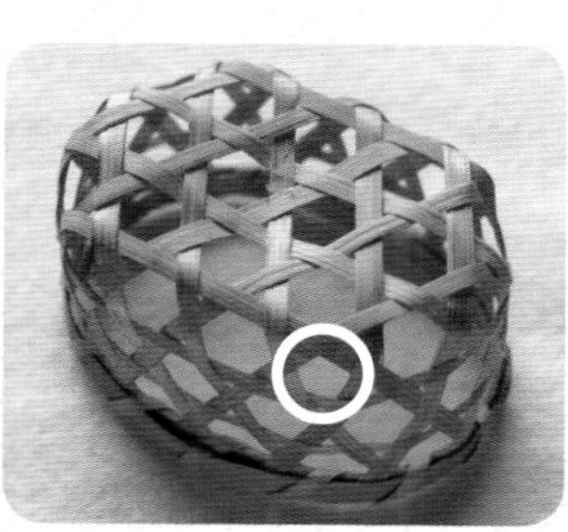

Part 1

工作コーナー

素材 100均の「ラッピングペーパー」

素材 100均の「フェルト」

正方形（各頂点4枚）

4枚　　**5枚**

素材 100均の「ラッピングペーパー」

正方形（各頂点4枚）

4枚　　**5枚**　　**7枚** ←(同じ)→ **7枚**

（7枚は小さめに作成）

素材 100均の「フェルト」

正6角形（各頂点3枚）

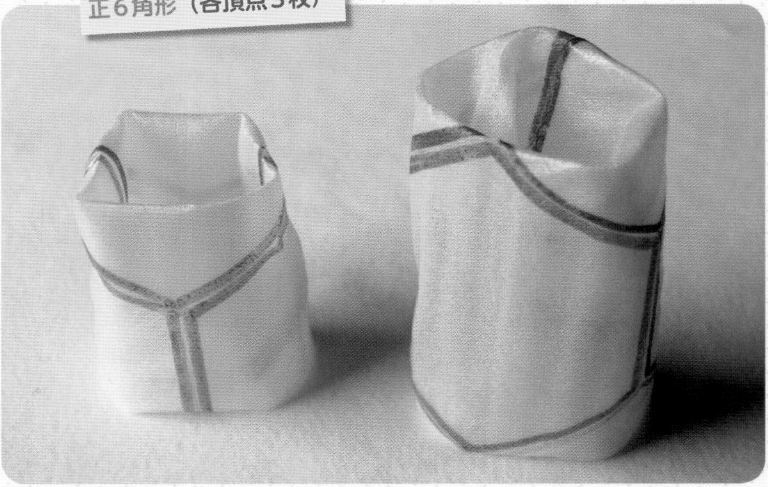

4枚　**6枚**

素材 100均の「食器棚シート」

正6角形（各頂点3枚）

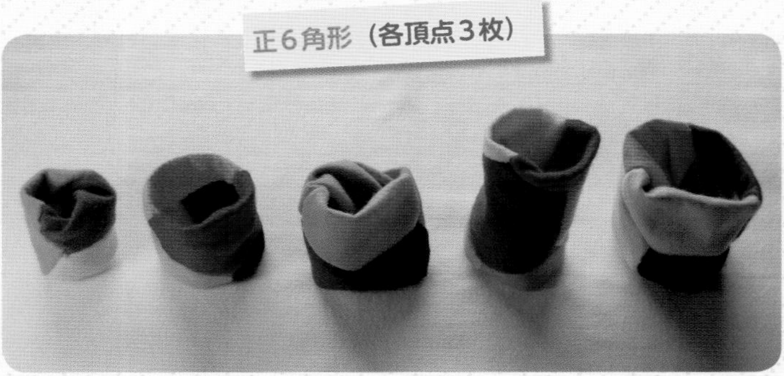

3枚　**4枚**　**5枚**　**6枚**　**7枚**

素材 100均の「フェルト」

Part 3

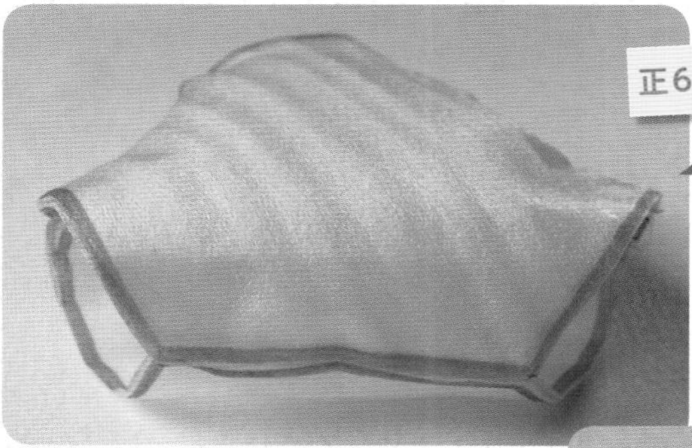

素材 100均の「食器棚シート」

正6角形　4枚（各頂点4枚）

同一物

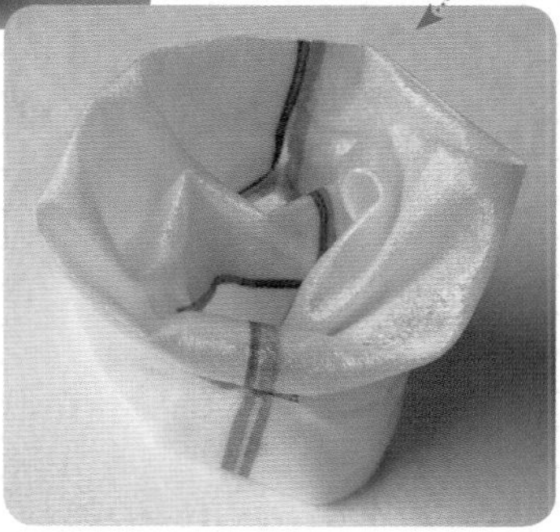

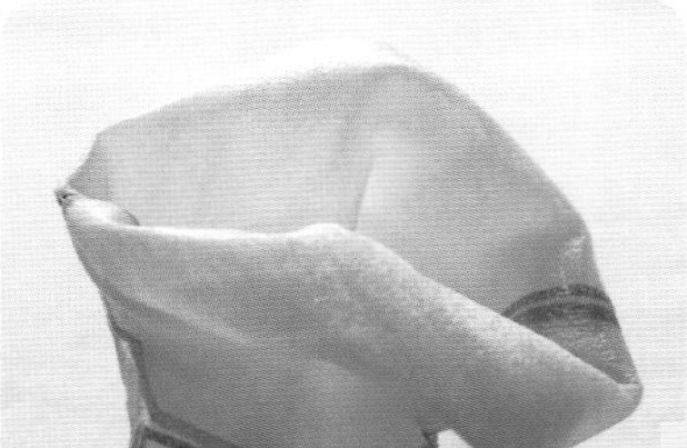

素材 100均の「食器棚シート」

正6角形　4枚（各頂点4枚）

同じ作り

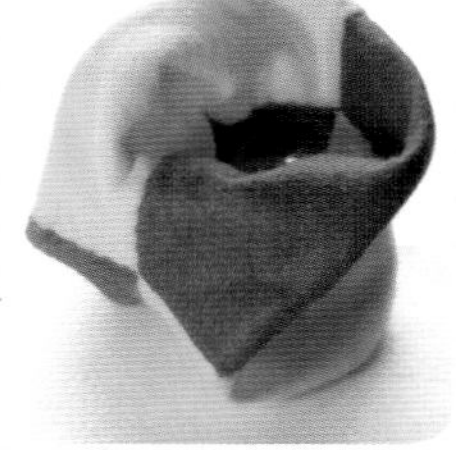

素材 100均の「フェルト」

工作コーナー

正方形　10枚（各頂点5枚）

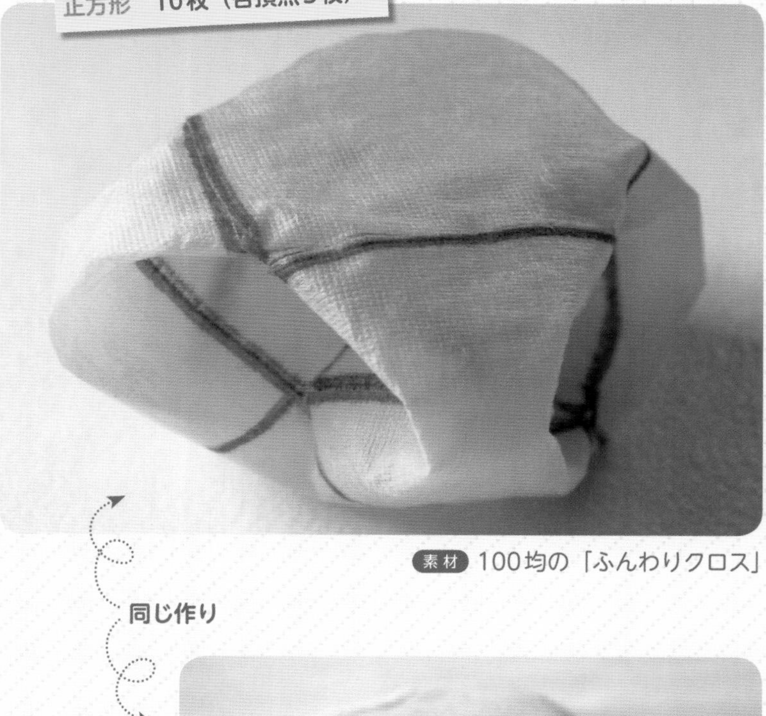

素材 100均の「ふんわりクロス」

同じ作り

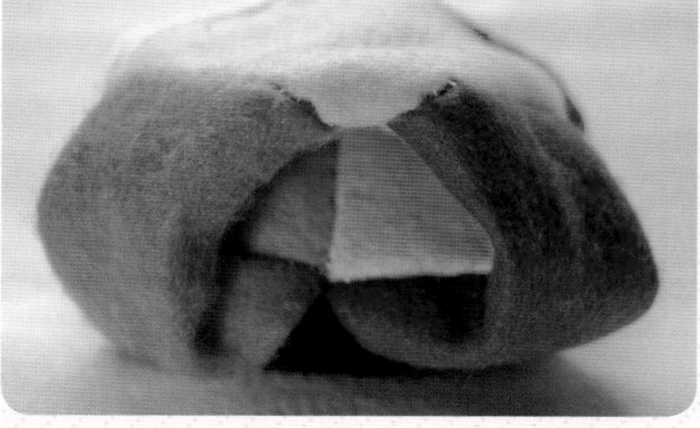

素材 100均の「フェルト」

正5角形　枚数無制限（各頂点4枚）

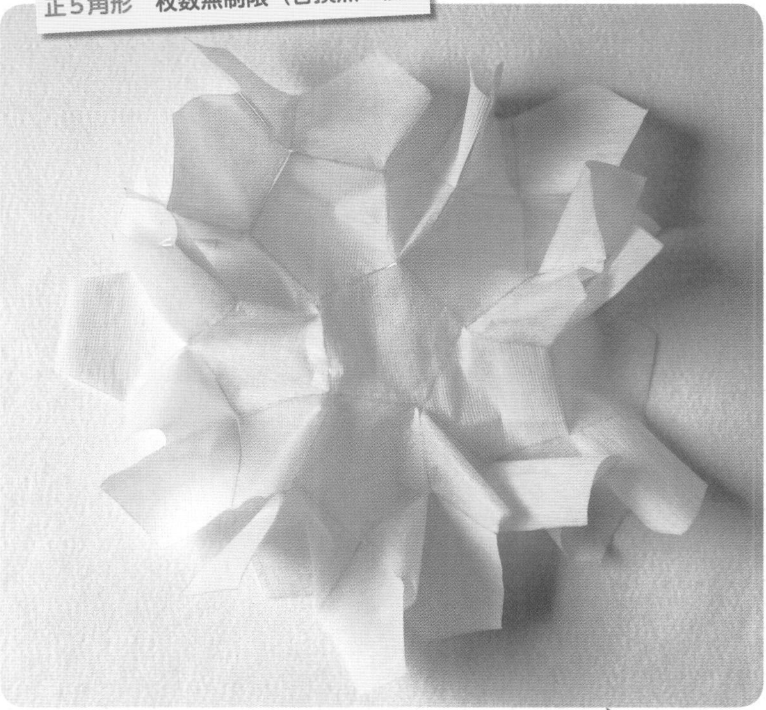

素材　100均の「ふんわりクロス」

同じ作り

素材　100均の「フェルト」

正8角形　1枚

素材 100均の「ふんわりクロス」

素材 100均の「フェルト」

同じ作り

正6角形　12枚（各頂点4枚）

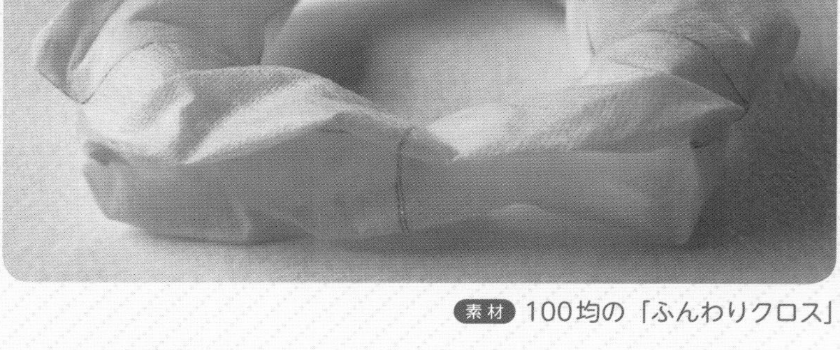

素材 100均の「ふんわりクロス」

知りたい！サイエンス

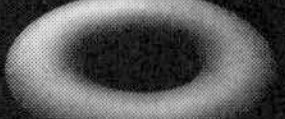

やわらかい
幾何は
すべてここから
はじまる

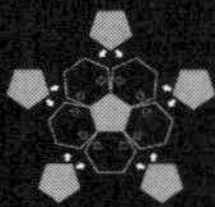

正多面体は、
正四面体、正六面体、
正八面体、正十二面体、
正二十面体の
5種類しか存在しない！
本当にそうでしょうか？
小学生の発想で解き進め、
「**やわらかい幾何**」といわれる
トポロジーまで迫ります。

小林吹代＝著

正多面体は本当に5種類か

技術評論社

はじめに

こんな問題を出されたら、どう答えますか。

「1＋1＝？」（1たす1は何）

小学1年生ならともかく、さすがに誰だって用心しますよね。そして、心の中でこうつぶやくのです。

…　さては、いわゆる“ひっかけ問題”だな。

そんな程度の問題に、ひっかかると思うなよ。…

今やコンピュータの時代です。小学生だって**「1＋1＝2」とは限らない**と知っています。コンピュータでは、「0」と「1」しか用いません。そこでは今回の「1＋1＝？」は「2」ではなく、（繰り上がりが生じて）「10」です。「1＋1＝10」です。

もし「1たす1は本当に2か」と聞かれたら、こう答えるかもしれませんね。（ちなみに答えは1通りではありません。）

―「1＋1」は**10進法**では「2」さ。「1＋1＝2」だよ。

小学生なら10進法しか知らないかもしれないね。

でも**2進法**だと「1＋1」は「10」さ。「1＋1＝10」だよ。

これくらい、今の時代では常識だね。―

それではこんな問題を出されたら、どうでしょうか。

「円周の長さは直径の何倍か」

用心しながら、こう答えるかもしれませんね。

—「およそ3」倍とか、「約3.14」倍としているけれど、じつは「3.141592……」倍という無理数さ。

この無理数を、「**π**」と表すことにしているのだよ。

ちなみに無理数とは、分数に表すことが無理な数さ。—

ここでさらに、「円周の長さは本当に直径のπ倍か」と追求されたらどうでしょうか。「本当に」とダメを押されると、自信がゆらぎますよね。

そもそも**円**というのは、1点から等距離にある点の集まりです。ひもの片端（1点）を固定して、ひもをピンと伸ばしながら（等距離）もう片端の点を取っていったもの（点の集まり）です。ひもの長さが**半径**で、その2倍が**直径**です。

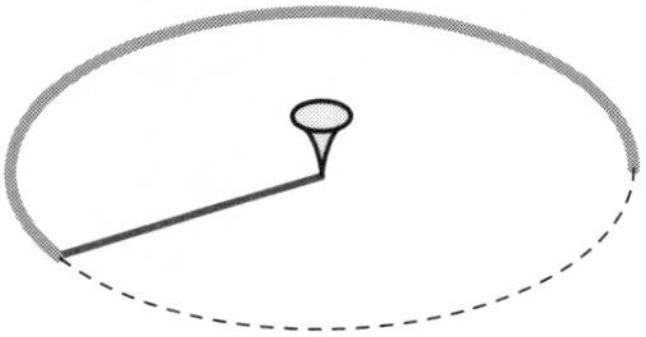

よく世間では、正義を振りかざす人はちょっと……といわれますよね。正しいと信じることは、人それぞれだからです。

円は“平面”に描くと信じている人にとっては、確かに「円周の長さは直径のπ倍」です。でも、円を“球面”に描いてはいけない、という法律はありません。そんな人にとっても、本当に「円周の長さは直径のπ倍」でしょうか。

たとえば、ひもの長さを**大円**（中心が球と同じ円）の「4分の1」とします。ひもの片端（1点）を固定して、ひもが球面上でたるまないようにしながら（等距離）もう片端の点を取っていったもの（点の集まり）を見てみます。

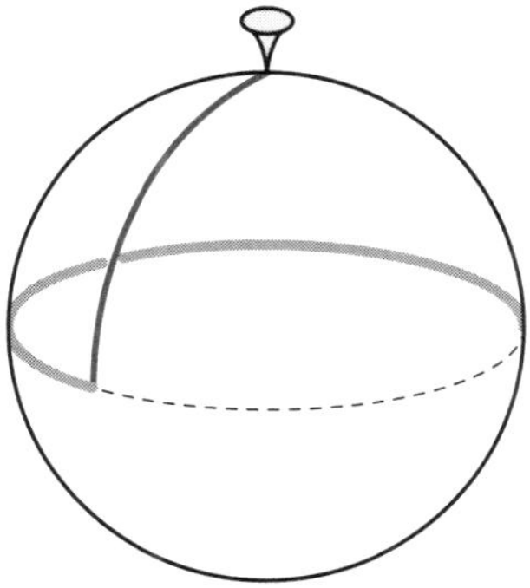

描かれた**円**の周の長さは、ひもの長さ（**半径**）の4倍です。この場合は**直径**の「2」倍であって、「π」倍ではありません。

それでは、いよいよ本書のテーマです。

「正多面体は本当に5種類か」

さて、今度はどうでしょうか。「本当に」というダメ押しが、何だか気になりますよね。

令和2年5月

小林吹代

CONTENTS

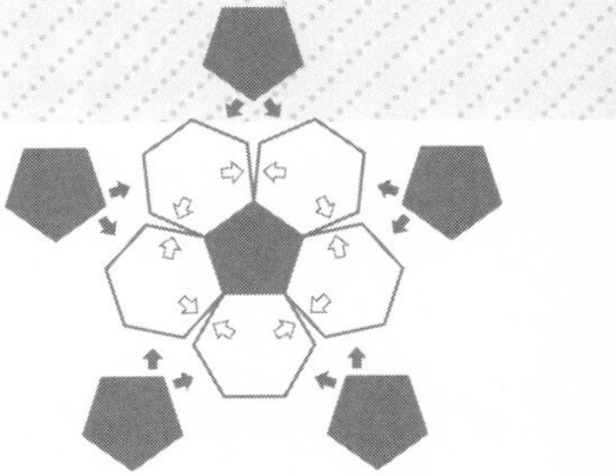

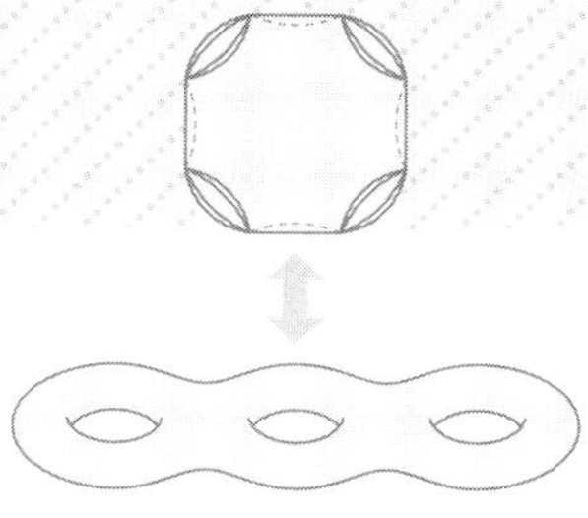

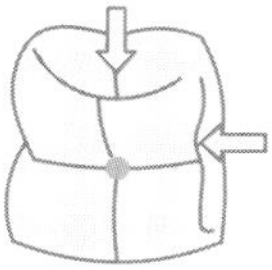

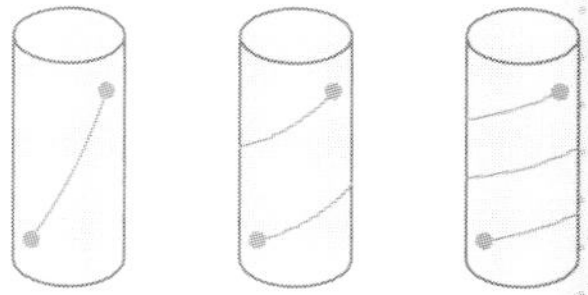

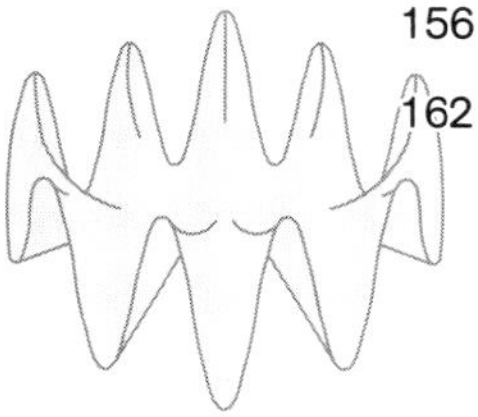

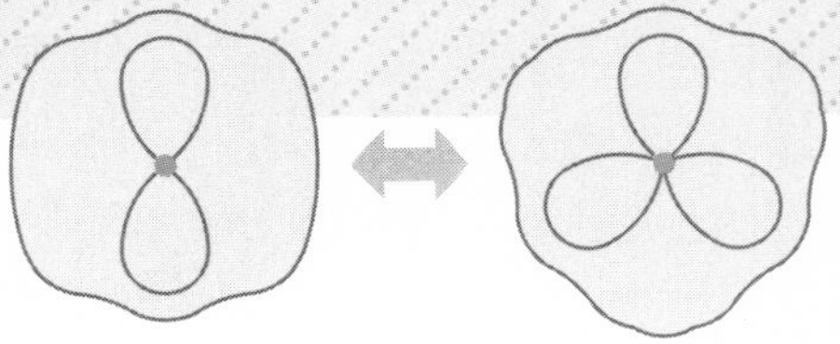

Part 5

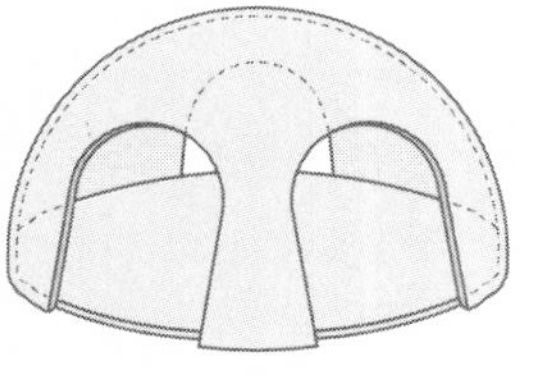

Part 1

「正6角形&正5角形」による多面体

〜「サッカーボール」から「フラーレン」へ〜

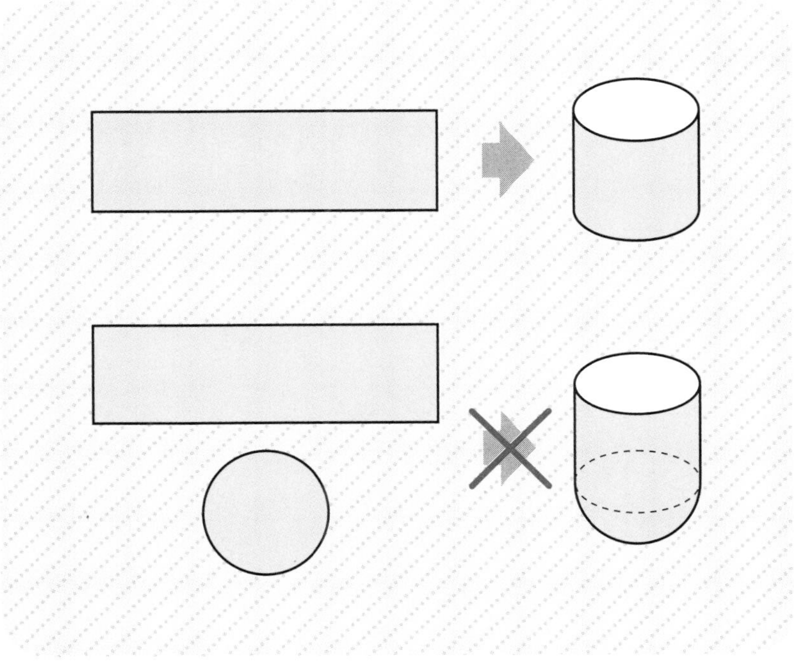

1

「双対な多面体」で見る「サッカーボール」

● かごめ

「かごめかごめ」の歌を知っていますか。

こんな歌で遊んだわ。

かごめかごめ
かごの中の鳥は
いついつ出会う
夜明けの晩《ばん》に
つるとかめがすうべった
後ろの正面《しょうめん》だ～あれ

あら、母さんはこんなふうに歌ったわ

かごめかごめ
かごの中の鳥は
いついつ出やる
夜明けの晩《ばん》に
つるつるつうべった
後ろの正面《しょうめん》だ～あれ

「かごめかごめ」の歌の中の、「かごめ」は何でしょうか。

「囲め」の方言かな。

「かがめ」の方言かも。

トマトケチャップで有名な「会社名」よ。

じつは「**かごめ**」は、
右図のような**文様**《もんよう》です。

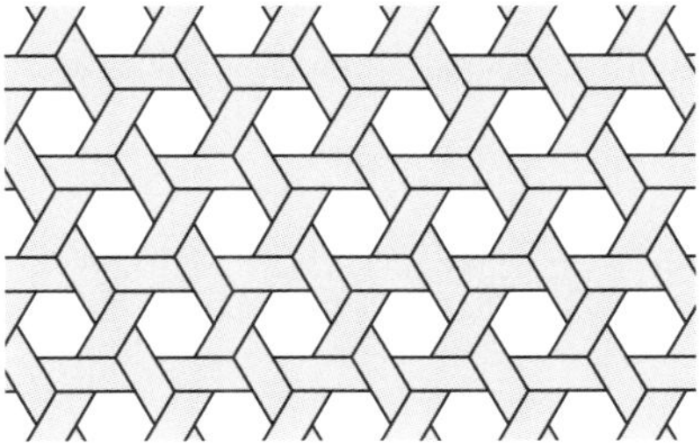

「かごめ」は、籠《かご》の編《あ》み目《め》ね。

昔は、竹で作った籠《かご》でよく見かけたな。

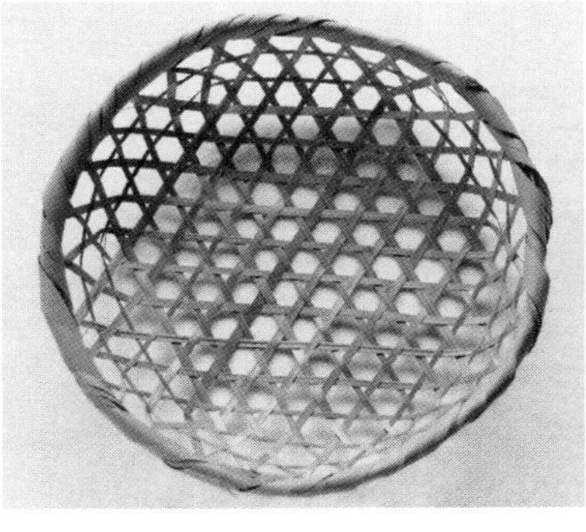

それにしても、不思議ではありませんか。「**籠目**《かごめ》」をいくら伸ばしても、平面にしかなりません。もちろん平面を丸めて円筒形にはできますが、フタ（底）がないと鳥はパタパタと飛んでいってしまいます。

籠《かご》の底は、どうなっているのでしょうか。

実際に見てみましょう。

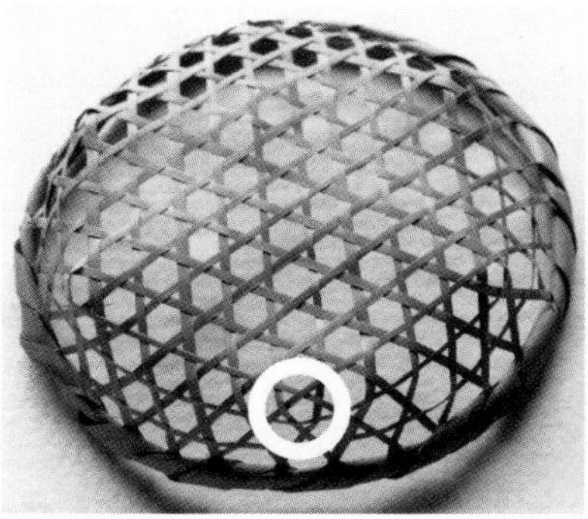

何と正５角形が見つかります。しかも数えてみると、籠《かご》の底には、どれも正５角形が「6個」見つかるのです。

もし同じ籠《かご》を2つ、縁の所でくっつけて俵型《たわらがた》にしたら、正5角形の個数は「**12個**」となってきますね。

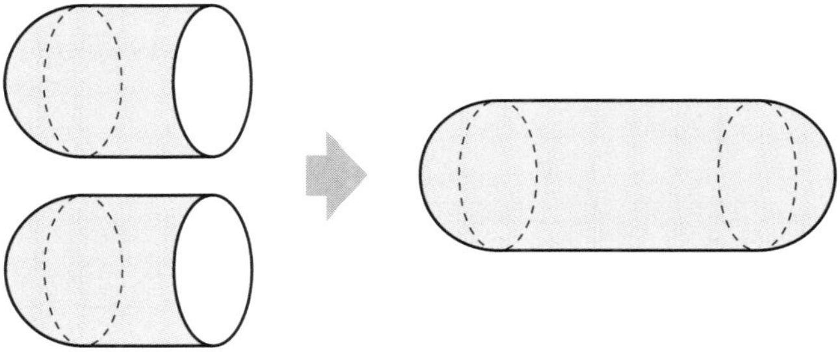

● サッカー

サッカーゴールのネットの目には、正6角形が見つかります。

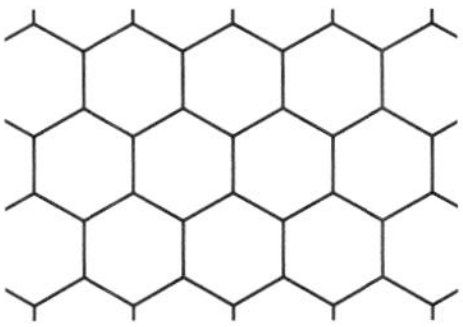

ネットの目なら、正3角形でも正方形でもよさそうなものですね。どうしてサッカーでは、正6角形が用いられているのでしょうか。

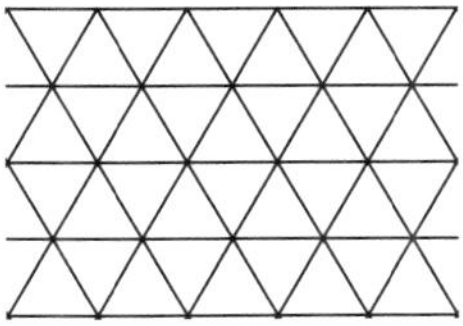

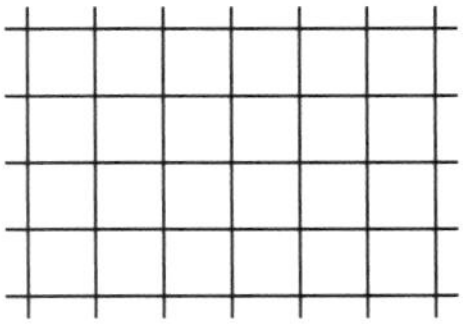

正６角形ときたら、何といっても蜂の巣（の断面）ですね。もし蜂にたずねたなら、強度の問題だと答えるのでしょうか。それとも材料量と広さの問題だと答えるのでしょうか。強度といえば、足で蹴るのは、手でぶつけるより強烈そうですね。段ボールが丈夫なのも、その構造にあるようです。

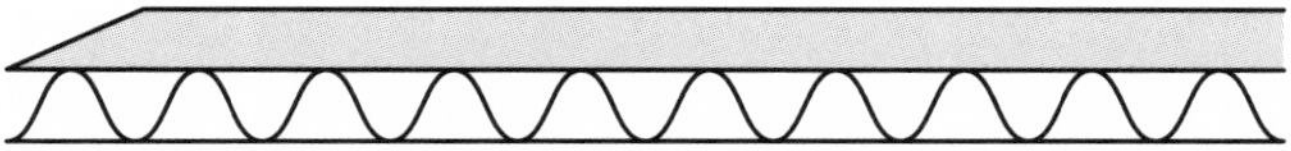

サッカーでは、ゴールのネットだけでなく、ボールにも正６角形が見つかります。籠《かご》でもそうでしたが、**サッカーボール**にも、正６角形と正５角形が用いられています。

サッカーボールには、正６角形と正５角形がそれぞれ何枚用いられているのでしょうか。

昔は、サッカーボールといったらこれが定番だったな。

もし**正多面体**を知っていたら、即答できますよ。

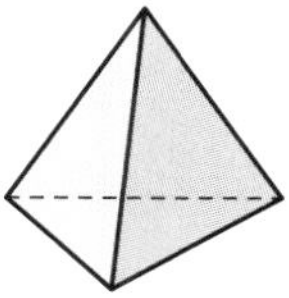
正4面体

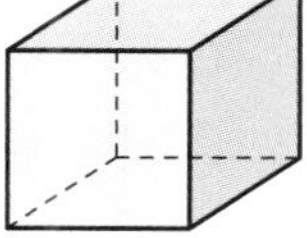
正6面体

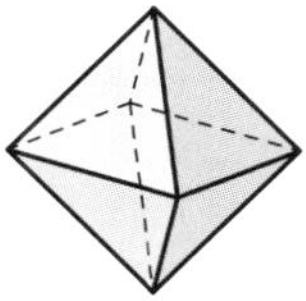
正8面体

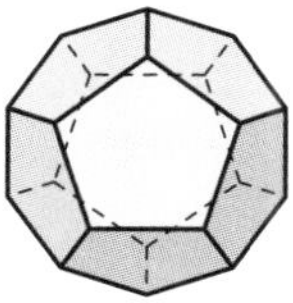
正12面体

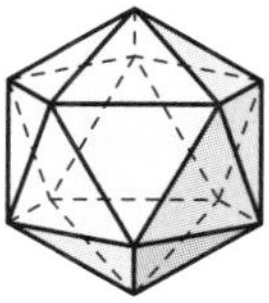
正20面体

サッカーボールに用いられているのは、正6角形は「正20面体」の「20枚」で、正5角形は「正12面体」の「12枚」です。

それはなぜでしょうか。

実際のサッカーボールは空洞ですが、中味の詰まったサッカーボールを彫刻で作ると想像してみてください。じつは正20面体の頂点を削っていくと、サッカーボールができるのです。

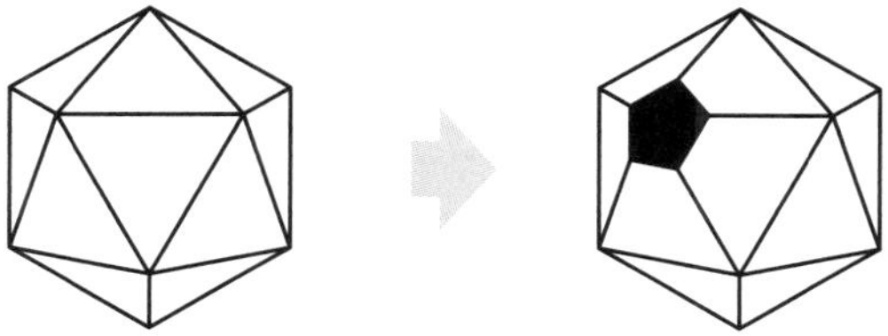
正20面体

サッカーボールにするには、辺のどこまで削るとよいでしょうか。

もちろん、残った面が正６角形となるまで削ります。このため、削るのは辺の「3分の1」までとなります。

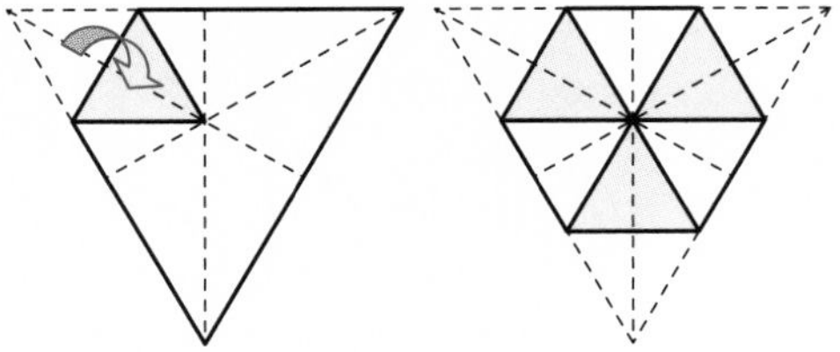

白い面が残らないようにするには、辺のどこまで削るとよいでしょうか。

もし辺の「2分の1」までしか削らないと、中央の（正3角形の）面が残ってしまいます。

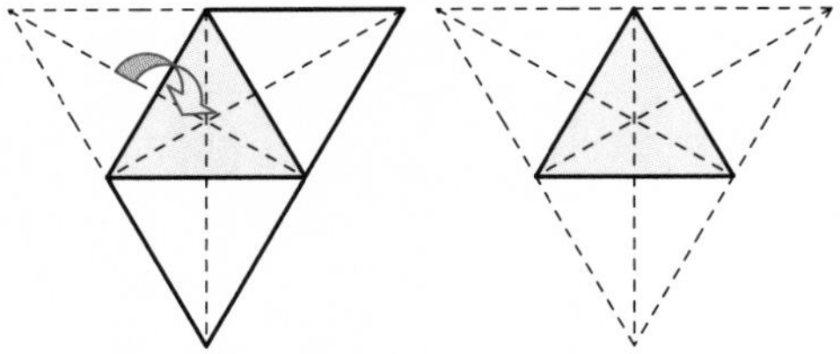

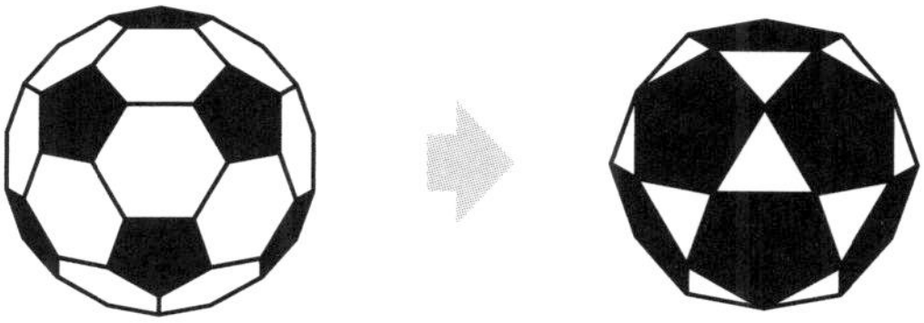

辺の「3分の2」まで（重心を通るまで）削れば、サッカーボールの白い面は消え、黒い正５角形の面ばかりとなってきますね。

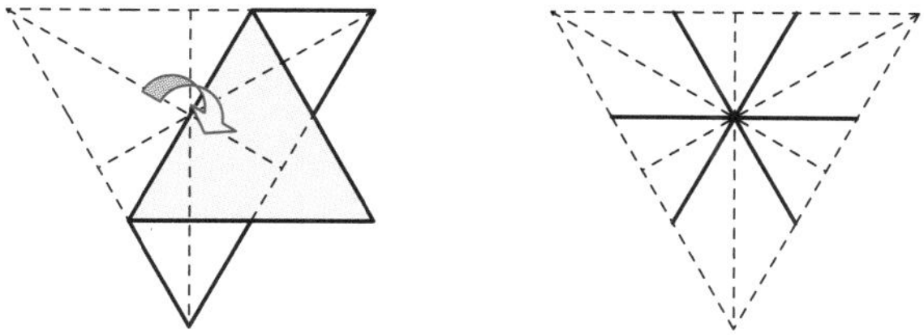

面が全部正５角形となると……、それは正12面体です。

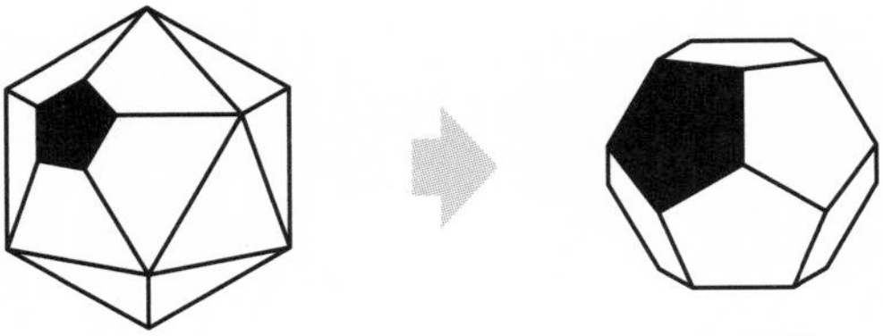

正12面体

これで、サッカーボールの正6角形は「正20面体」の「20枚」で、正5角形は「正12面体」の「12枚」だと即答できますね。

● 双対な多面体

「正20面体」と「正12面体」では、頂点に面が、面に頂点が、対応しています。「正20面体」と「正12面体」は、互いに**双対な多面体**と呼ばれています。

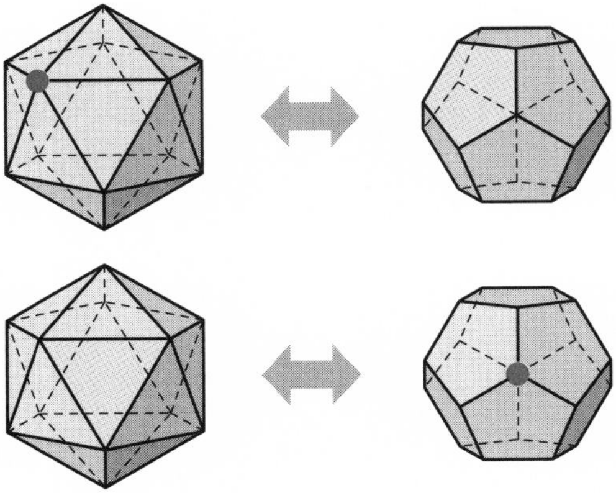

正4面体、正6面体、正8面体に双対な多面体は、それぞれ何でしょうか。

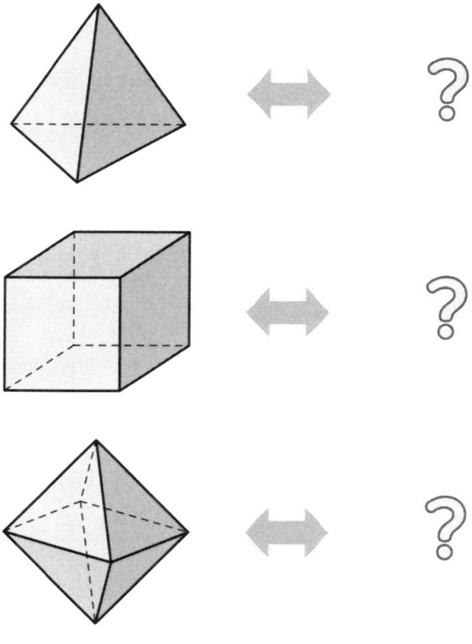

次ページの図を見れば、一目瞭然ですね。

「正6面体」と「正8面体」は、互いに双対な多面体です。

「正4面体」に双対な多面体は、何と自分自身の「正4面体」ですね。

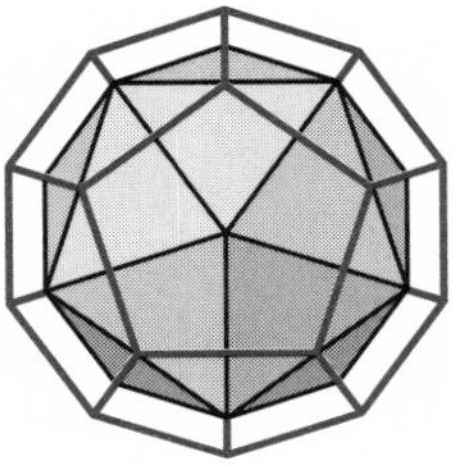

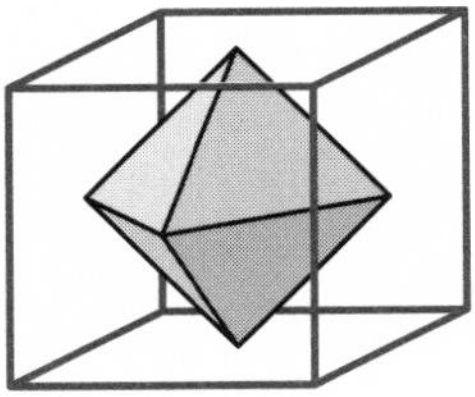
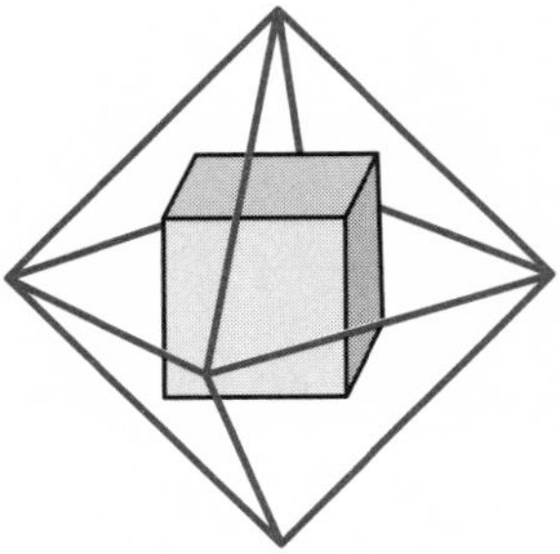
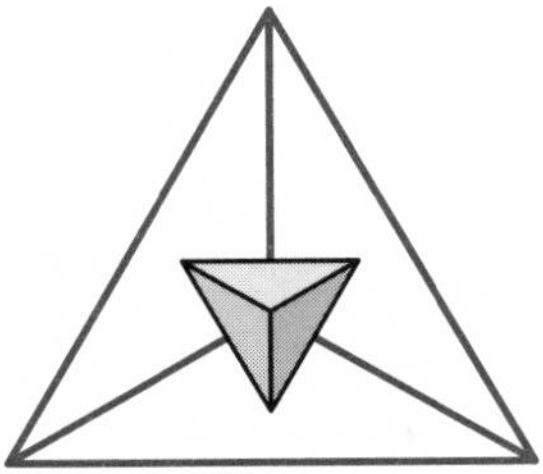

正多角形による平面の**タイル貼り**でも、面と頂点を逆にすると、下図のようになっています。

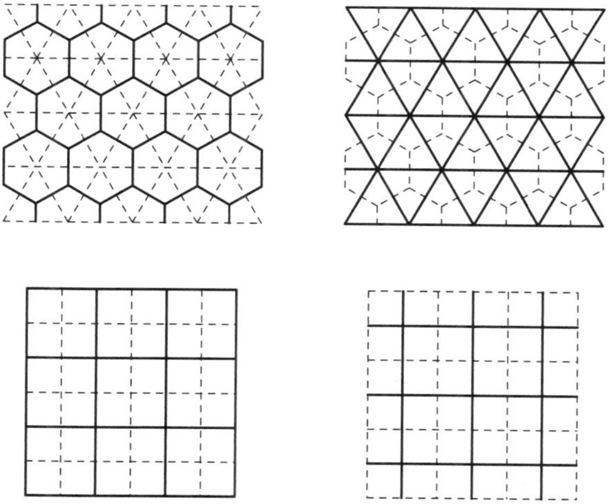

2

「オイラーの多面体定理」で解く「フラーレンの"12"」

● フラーレン

ダイヤモンドは特別で、その美しさは永遠よ。

鉛筆の芯と同じく、炭素原子が集った分子さ。

鉛筆の芯に用いられている**グラファイト**は、正6角形の角に**炭素原子**（●）がくるようにして、平面状に何層にも重なっています。でも層どうしの結びつきは弱く、簡単につぶれるそうです。もっとも鉛筆で書けるのは、その簡単につぶれて残骸が残るおかげなのだとか……。(●は一部の他は省略しています。)

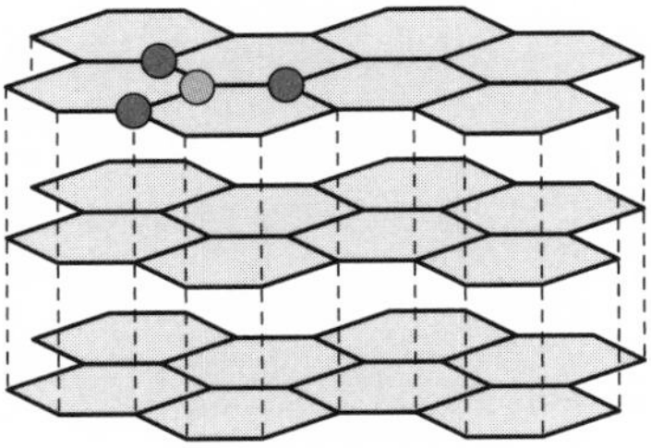

ダイヤモンドも**炭素原子**（●）が結びついていますが、（平面ではなく）正4面体の頂点にきています。（ここまでは下図

の通り）これが、さらに四方八方に結びついていったものです。（ここは複雑なので省略）これらの結びつきはどこも強く、筋交いだらけで硬いのです。

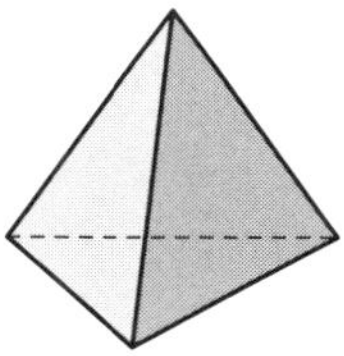

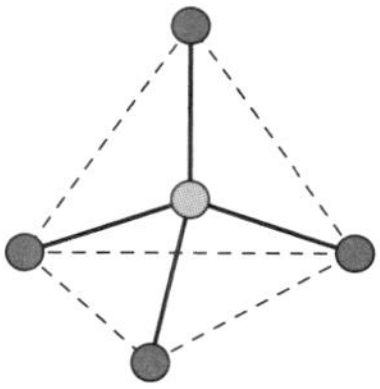

炭素原子からなる分子は他にはもうない、と長年にわたって信じられてきました。ところが20世紀になって、次々と新たに発見されたのです。それらは、まとめて**フラーレン**と呼ばれています。「フラー」というのは、建築家**バックミンスター・フラー**からきています。フラーはカナダのモントリオール万博において、かの有名なアメリカ館「**ジオデシック・ドーム**」を設計しました。

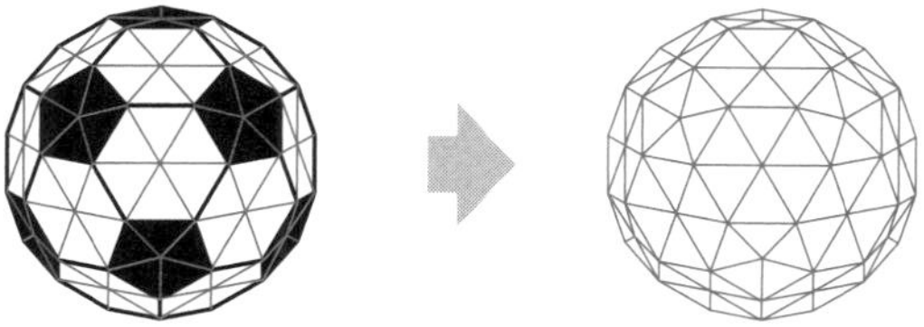

フラーレンの中には、何と**サッカーボール**の各頂点に、炭素原子が配置されたものがあるのです。その名称は「**C□**」です。**C**は**カーボン**（炭素）で、□の中には炭素原子の個数、つまりサッカーボールの頂点の個数が入ります。（次の図で、●は4

個以外省略しています。）

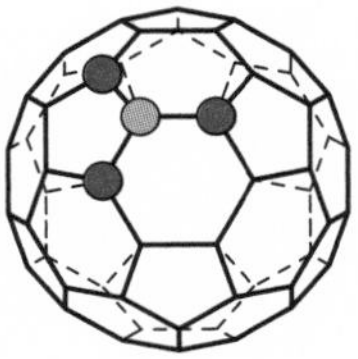

サッカーボールの頂点は、何個あるのでしょうか。

頂点に、「シール」か「付《ふ》箋《せん》紙《し》」を貼って数えてみるよ。

頂点の個数は、じつは計算で求めることができるのです。

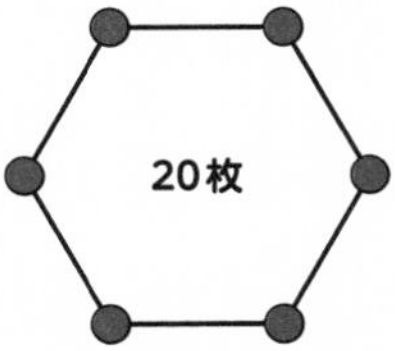

6個×20＝120個

5個×12＝60個

頂点は、「正6角形」が20枚で120個。「正5角形」が12枚で60個。合わせて120＋60=180個……のはずがありませんよね。

サッカーボールの各頂点には面が3枚集まっているので、これではどの頂点も「3回」数えてしまっています。

サッカーボールの頂点の個数は、180個÷3＝60個です。サッカーボールの形をしたフラーレンの名称は「**C_{60}**」です。

フラーレンはどれも、正6角形と正5角形からなる俵型の頂点に、炭素原子が配置された分子です。

フラーレンには「C_{60}」の他に、「C_{70}」、「C_{72}」、「C_{74}」など多数あります。ちなみに名前が同じでも1種類とはかぎりません。たとえば「C_{76}」は、（鏡像関係にある）2種類が見つかっています。

● フラーレンの正5角形の個数

じつは驚くような事実があるのです。

フラーレンの正5角形は、どれも「**12個**」なのです。同じ籠《かご》を2つ、縁の所でくっつけて俵型《たわらがた》にしたときの、あの正5角形の個数「12個」です。

きっと世紀の大発見で、化学者が見つけたのね。

籠《かご》職人は、みんな知っていたかもしれないよ。

このことは、じつは発見でも何でもありません。次の**オイラーの多面体定理**を用いると、計算で簡単に出てくる事実なのです。

オイラーの多面体定理

（面の個数）－（辺の個数）＋（頂点の個数）＝2

フラーレン（正6角形と正5角形からなる俵型の分子）は、正5角形がどれも「12個」なのはどうしてでしょうか。

まずは、各頂点に集まっている「面」の個数を確認します。

そもそも「2枚」では立体にならないし、「4枚」では丸まらないので「俵型」になりません。ということは……、どの頂点にも「3枚」集まっているということです。

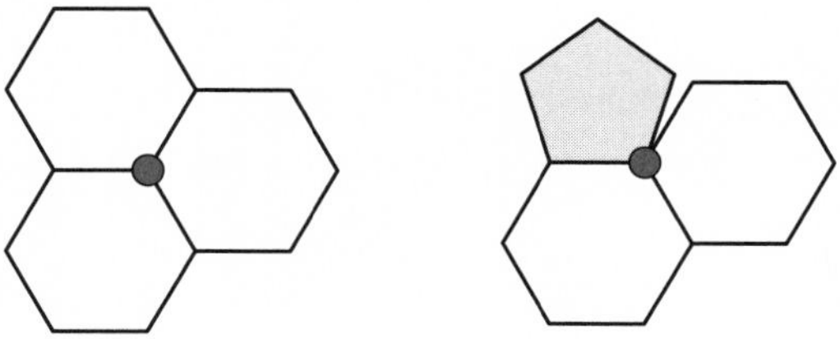

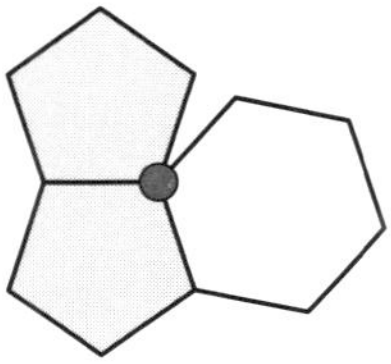
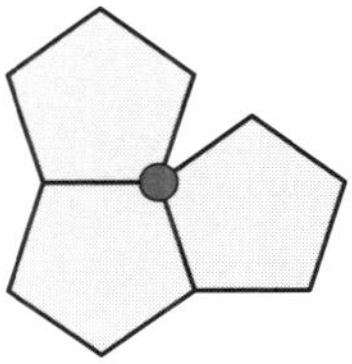

次に、正6角形を x 枚、正5角形を y 枚として、

（**面**の個数）－（**辺**の個数）＋（**頂点**の個数）＝2

の（面の個数）、（辺の個数）、（頂点の個数）を、x、y を用いて表しておきます。

（面の個数）

正6角形　x（枚）
正5角形　y（枚）
合わせて　$x+y$（枚）

（辺の個数）

正6角形 x 枚分　$6x$（本）
正5角形 y 枚分　$5y$（本）
合わせて　$6x+5y$（本）

2回数えたから　$\dfrac{6x+5y}{2}$（本）

（頂点の個数）

正6角形 x 枚分　$6x$（個）

正5角形 y 枚分　$5y$（個）

合わせて　$6x+5y$（個）

3回数えたから　$\dfrac{6x+5y}{3}$（個）

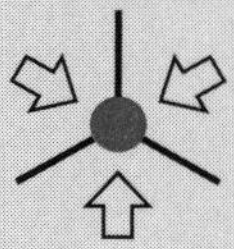

いよいよ、これらをオイラーの式に代入します。

（面の個数）－（辺の個数）＋（頂点の個数）＝2

$$(x+y)-\frac{6x+5y}{2}+\frac{6x+5y}{3}=2$$

両辺を6倍すると、

$$6(x+y)-3(6x+5y)+2(6x+5y)=12$$

$$6x+6y-18x-15y+12x+10y=12$$

$$6x-18x+12x+6y-15y+10y=12$$

$$y=12$$

あっけなく「$y=12$」、つまり正5角形は「12個」と出てきてしまいましたね。

頂点の個数は、正6角形が x（枚）のとき、次の通りです。

$$\frac{6x+5y}{3}=\frac{6x+5\times 12}{3}=2x+20 \quad （個）$$

頂点の個数	$2x+20$（個）（x は正6角形の枚数）

● 頂点の周り

サッカーボールの「C_{60}」から、真ん中の正6角形「10枚」を取りのぞけば、正6角形「10枚」と正5角形「12枚」のフラーレンができそうな気がしますね。

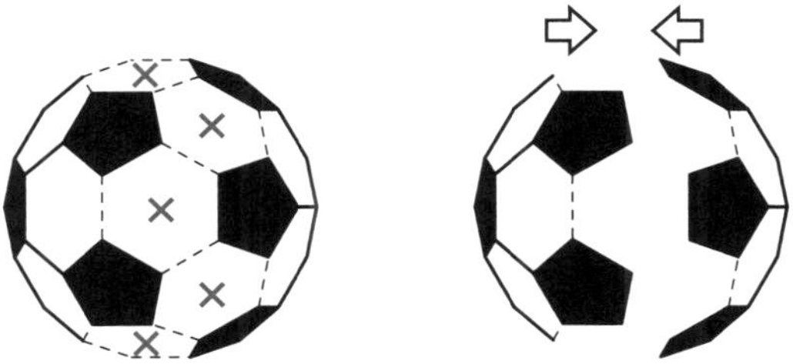

最初から作る場合は、次のようにして「お椀《わん》」の形を2組作って、それらを貼り合わせます。

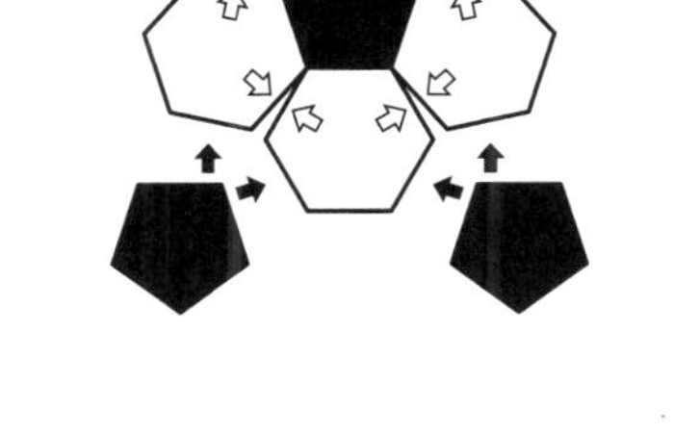

２組を貼り合わせると、正５角形どうしが隣り合わせになりますね。じつは（金属内包フラーレンは別として）、今のところ正５角形が隣り合っているものは見つかっていないのです。つまり、（現段階では）フラーレンの頂点の周りは、次のどちらかです。ただし「A型」「B型」というのは、ここだけでの呼称です。

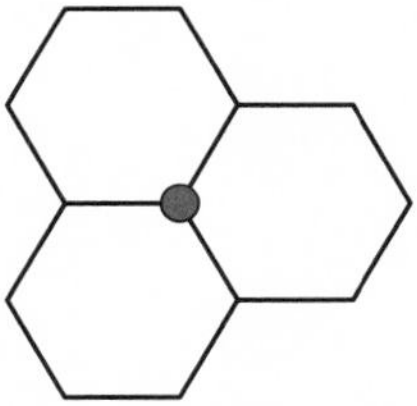

A型の頂点

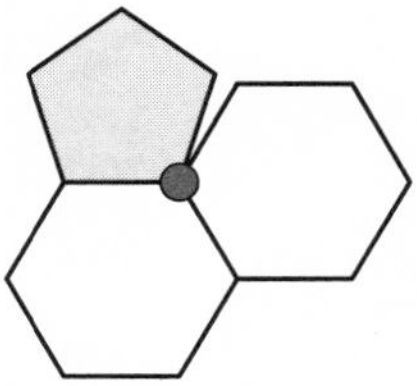

B型の頂点

じつは「B型の頂点」の個数は、どれも「60個」です。サッカーボールの形をした「C_{60}」は、すべての頂点が「B型」という特別なフラーレンです。

（A型、B型からなる）フラーレンでは、B型の頂点の個数がどれも「60個」なのはどうしてでしょうか。

「A型の頂点」が a（個）、「B型の頂点」が b（個）とします。

正６角形の枚数は、「A型」から３a（枚）、「B型」から２b（枚）、合わせて$3a+2b$（枚）……ではありませんよね。これでは１つの面を６回数えています。

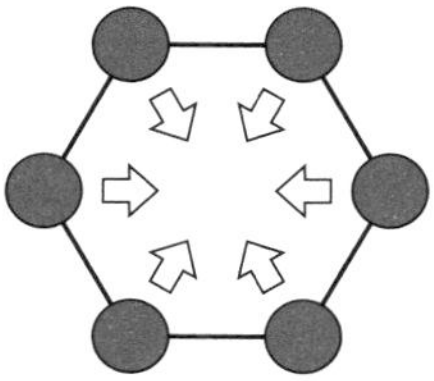

〔 **正6角形** 〕

$$\frac{3a+2b}{6}\ （枚）$$

正5角形は、「B型」の方からしか出てきません。

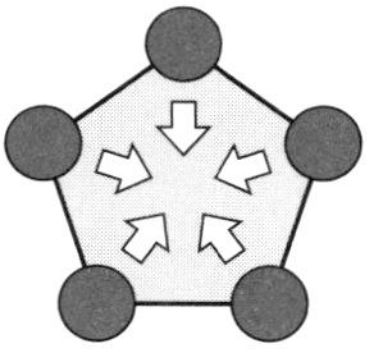

〔 **正5角形** 〕

$$\frac{0a+1b}{5}\ （枚）$$

正5角形は、どれも「12枚」でしたね。このことから「B型の頂点」の個数（b 個）が求まります。

$$\frac{0a+1b}{5}=12$$

$$b=60$$

B型の頂点の個数は「60個」です。

正6角形の枚数は、「A型の頂点」を a（個）とすると、次のようになっています。

$$\frac{3a+2b}{6}=\frac{3a+2\times 60}{6}=\frac{a}{2}+20\quad（枚）$$

正6角形の枚数	$\frac{a}{2}+20$（枚）（a は「A型の頂点」の個数）

● フラーレン「C_{70}」

フラーレンには、どんな形をしたものがあるのかな？

フラーレン「C_{70}」の形をした多面体を、紙で作ることにします。

さて正6角形は、何枚用意すればよいでしょうか。

「C_{70}」の「70」は、頂点の個数でしたね。ちなみに「B型」（の頂点）はどれも60個なので、「A型」は10個です。

正6角形の枚数は、$\frac{a}{2}+20$（枚）に a=10を代入すれば、$\frac{10}{2}+20=25$（枚）と出てきます。

他の方法でも25（枚）と求まります。正6角形を x（枚）とすると、頂点の個数は $2x+20$（個）なので、C_{70}の70（個）になるのは $2x+20=70$ のときで、これからも x=25（枚）と出てきますね。

フラーレン「C_{70}」は、どんな形をしているのでしょうか。

正6角形25枚と正5角形12枚を、どう貼り合わせるかね。

手を動かしていれば、そのうち形になるものでもありません。サッカーボールの「C_{60}」と比較して、戦略を立てましょう。「C_{60}」の正6角形は、(正20面体の)「20枚」でした。「C_{70}」は25枚なので、5枚多いということです。こうなると「C_{60}」を2つに割って片方を回転させ、このときできた5箇所のすき間に、5枚の正6角形をつけたせばよさそうですね。

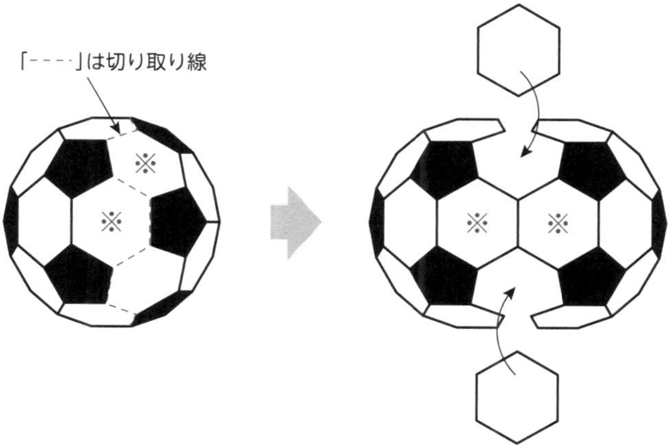

この「C_{70}」は、サッカーボールの「C_{60}」を少し引きのばした、俵型の「おにぎり」のような形ですね。(写真p1上)

厚紙で作ったら、「夏休みの作品」にいいかも。

もし厚紙で作るなら、辺の長さが等しい正6角形と正5角形を用意しましょう。正5角形を先に描いて、その辺の長さにそろえて正6角形を描きます。(p40の図や、下図を写し取ってもOKです。)

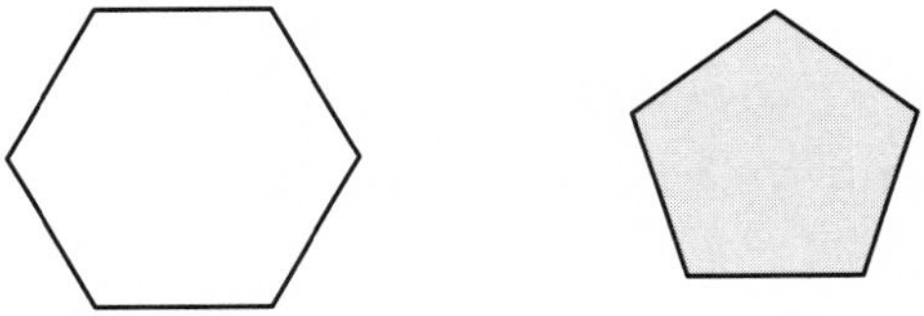

25枚　　12枚

「ストロー」に「針金」を通して作るのもいいわね。
正5角形が目立つように、ストローは2色使いたいわ。

全部2cmに切っておくわね。でも何本いるのかしら。

正6角形が25枚で、6本×25＝150本。
正5角形が12枚で、5本×12＝60本。
合わせて150＋60＝210本、ではなくて……。

どれも2回数えたから、210÷2＝105本ね。
正5角形が目立つように、こちらが60本。
残りは105－60＝45本ね。

正５角形12個を作ってから、「p37下図」を２組作り、「p37上図」で取りのぞいた正６角形を追加して……。

最後は「p41の図」を見て、つなげれば完成だな。

● フラーレン「C_{72}」

フラーレン「C_{72}」は、どんな形をしているのでしょうか。

「C_{70}」は、面に着目して「C_{60}」に5枚追加したわ。

今回の「C_{72}」は、頂点に着目してみましょう。頂点は「72」個で、「B型」はどれも60個なので、「A型」は残りの12個です。「A型」が12個となると、下図でちょうど12個になりますね。

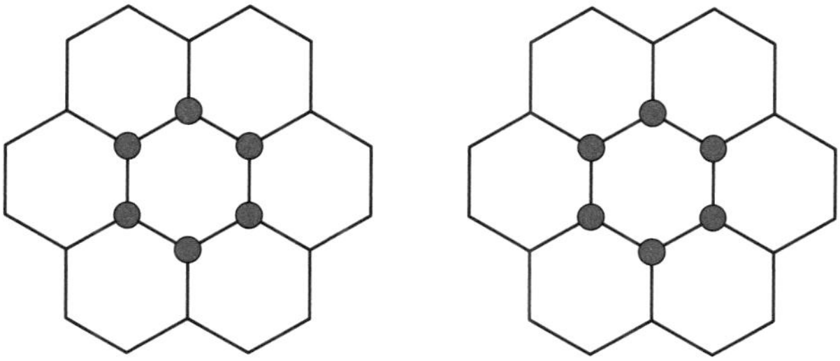

これをフタと底にして、側面を残りの正６角形と正５角形で作ることができれば、うまくいきそうです。

それでは、残りは何枚あるのでしょうか。

まず正5角形は12枚です。問題は正6角形の枚数ですが、

$\frac{a}{2}+20$（枚）に「A型」の頂点 $a=12$（個）を代入すれば、

$\frac{12}{2}+20=26$（枚）と出てきます。すでにフタと底で7枚×2＝14枚使ったので、残りは26－14＝12枚です。

結局のところ、残りは正6角形12枚、正5角形12枚です。(側面を作る方針は変更して）これらを先ほどのフタと底に貼りつけることにすると、どちらも6枚ずつです。貼りつける際には、「A型」の頂点が新たに出てこないように、くれぐれも気をつけましょう。

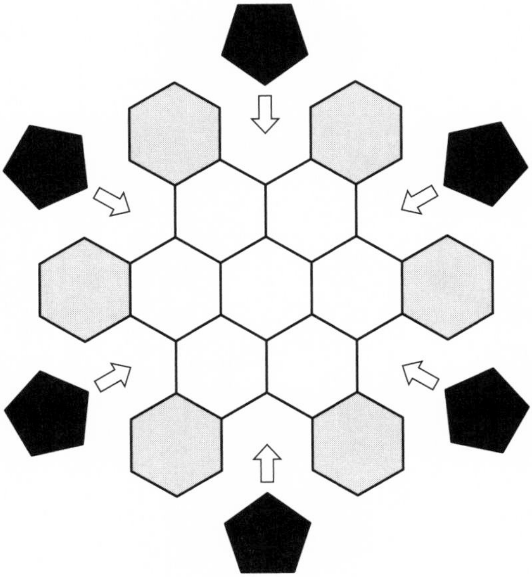

これまでのことをまとめると、前ページの図から「お椀《わん》」の形を２組作って、これらを貼り合わせばいいですね。

この「C_{72}」は、p20左側の浅いザルを２個くっつけたような、「マカロン」みたいな形をしています。（写真p1中）

今回も、「ストロー」に「針金」を通して作りたいわ。
正５角形が目立つように、ストローは２色使ってね。

全部2cmに切っておくけど、今回は何本かしら。

正６角形が１枚増えて、６本追加ではなく……。

２回数えたから３本追加ね。目立たせる正５角形は前回同様60本で、残りは３本増えて45＋３＝48本だわ。

今回も正５角形12個を60本で作っておいて、「p44下図」を２組作るのさ。ストローの色は正５角形が優先だから、この点に気をつけて……。

最後は、つなげれば完成だな。
家族みんなで協力して、「夏休みの作品」にしよう！

工作コーナー

「正6角形＆正5角形」で作る形

フラーレン「C_{72}」では、正6角形が7枚集まった“底”に、正6角形と正5角形を6枚ずつ貼りつけて「お椀《わん》」の形を作りましたね。

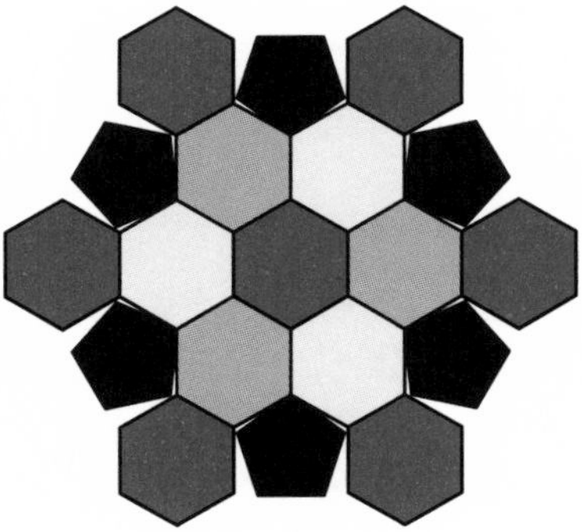

これに（同じ「お椀」ではなく）、正6角形を貼り合わせていきましょう。正6角形で円筒部分を作って、「籠《かご》風の形」とするのです。柔らかなラッピングペーパー等で作ると、なかなかステキな作品になりますよ。正5角形で1色、正6角形で3色の計4色用いるのがお勧めです。（写真p2）

正6角形と正5角形は、くれぐれも「辺の長さ」をそろえます。（p40やp42の図を写してもOKです。）正5角形は6枚ですが、（3色の）正6角形を何枚にするかは、長さ（高さ）しだいです。

下図は、6枚の正6角形「①」をつけたす様子です。

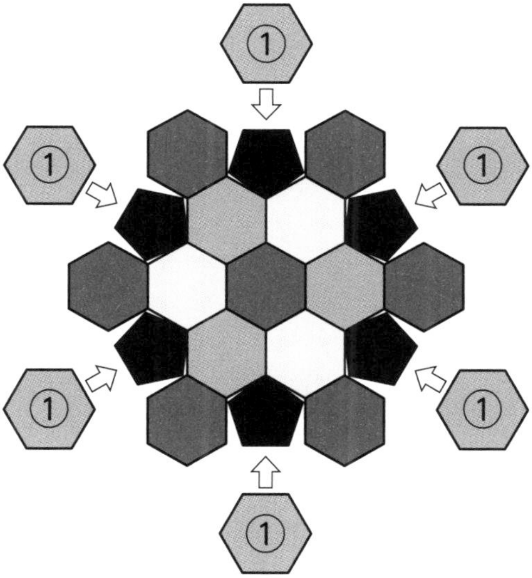

これに②③……と、次々に正6角形を6枚ずつ貼り合わせて、側面（下図を丸めた面）を作っていきます。

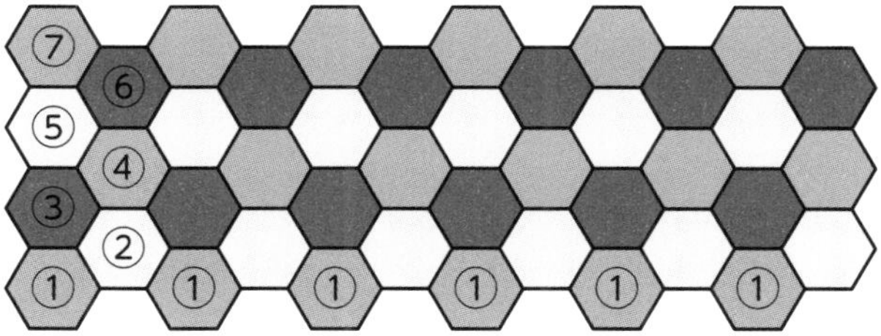

お好みの長さ（高さ）になったら終了です。もし布で作ったら、折り返して“ひも”を通せば「手さげ袋」になりますよ。

塗り絵コーナー

文様《もんよう》「七宝つなぎ」と「麻の葉」

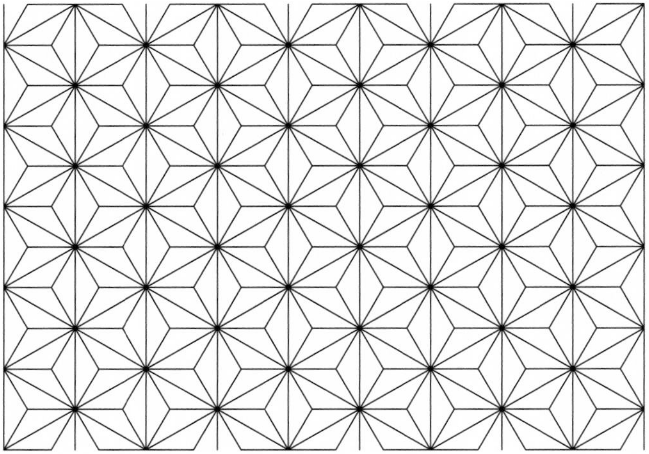

Part 2

「正多面体」から「トーラス」へ

～頂点周りが“平ら”な正多面体もどき～

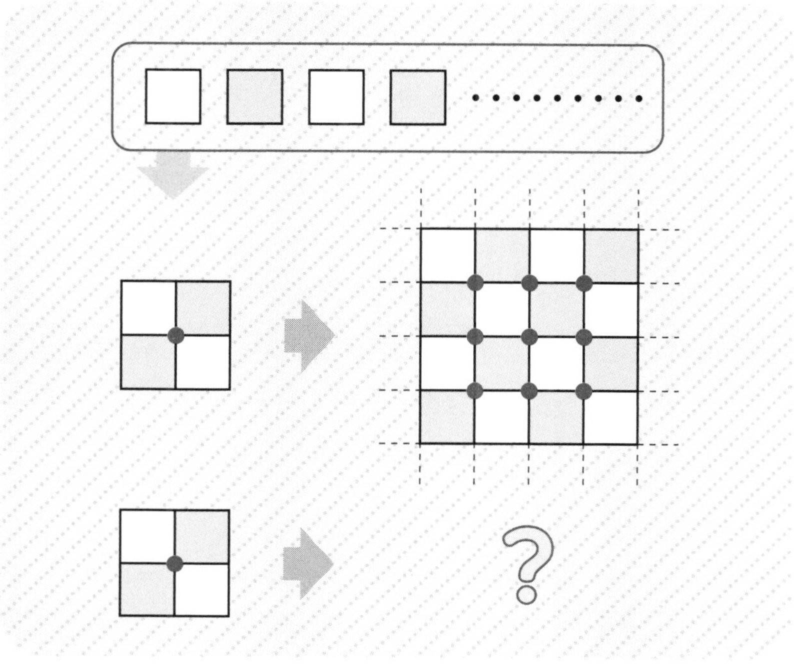

3
「正方形」で作る“平ら”な正多面体もどき

● 正3角形を貼り合わせよう①

“なぞなぞ” ではありませんよ。次が何だか当てられますか。

正多角形を貼り合わせたものです。ただし各頂点には、同じ枚数を集めます。辺では、正多角形の面「2枚」をくっつけます。

「正多面体」はどれもそうだよ。全部で5種類さ。

貼り合わせて、他に何か……。あっ「平面」もよ！

それでは順に見ていきましょう。まずは正3角形です。

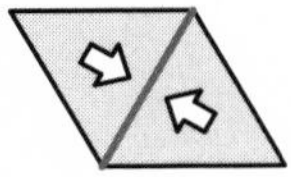

ちなみに、頂点に「2枚」集めるのは除外しましょう。

 正3角形が「木の板」なら、重なって厚みが2倍さ。

 正3角形が「布」なら、綿をつめればクッションよ。

どの頂点にも、正3角形が「3枚」集まるように貼り合わせると、何ができるでしょうか。

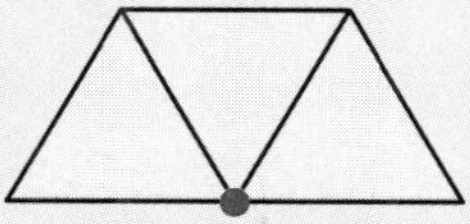

作ってみなくても分かりますね。正3角形をもう1枚つけたすと、**正4面体**のできあがりです。

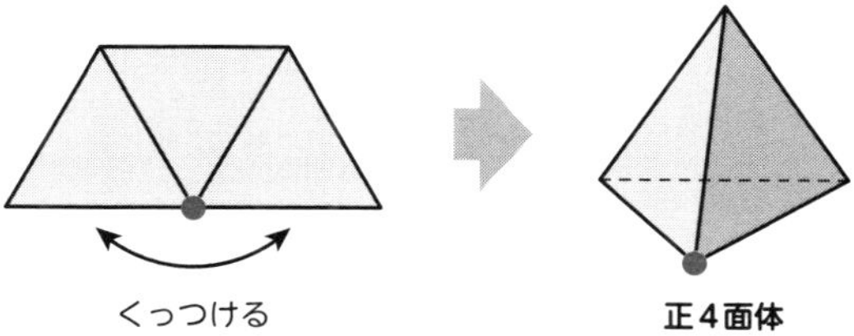

どの頂点にも、正3角形が「4枚」集まるように貼り合わせると、何ができるでしょうか。

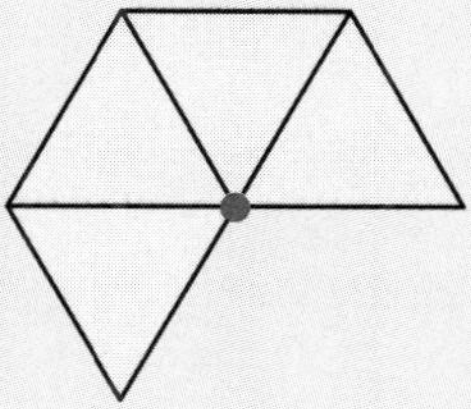

これも見当がつきますね。下図左側を２つ貼り合わせた**正８面体**です。

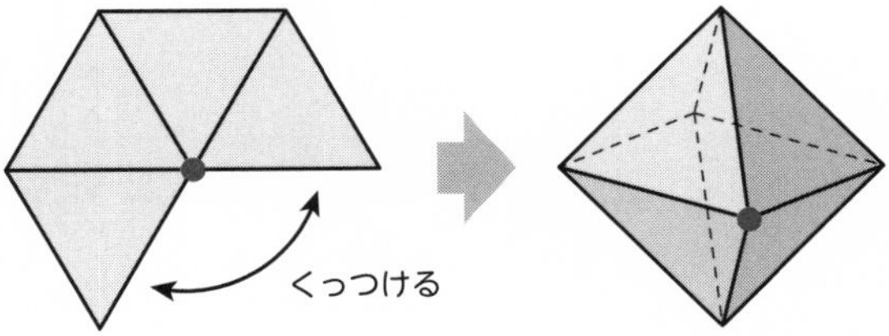

正８面体

どの頂点にも、正３角形が「５枚」集まるように貼り合わせると、何ができるでしょうか。

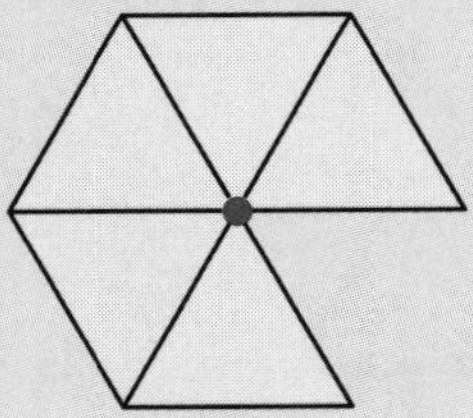

もちろん**正20面体**……、と思っていませんか。何しろ前章で、サッカーボールに関連して見てきたばかりです。

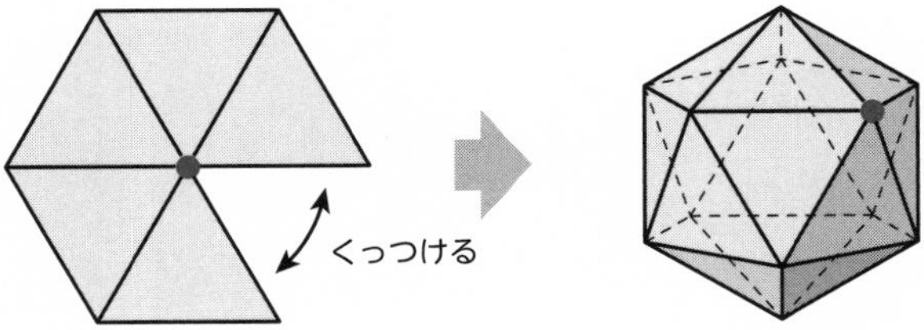

正20面体

でも残念ながら、他の可能性もあります。

想像してみてください。この正20面体の1つの頂点で、中にボコッと押し込むのです。すると凹んだ立体ができますね。

もっとも、新たに見つけたと自慢するほどではありません。中に空気を入れてふくらませば、元通りです。そもそも歴史的には、「多面体」といったら凹みのない**凸多面体**を想定していたのです。

正8面体は、1つの頂点で中にボコッと押し込むのは止すよ。

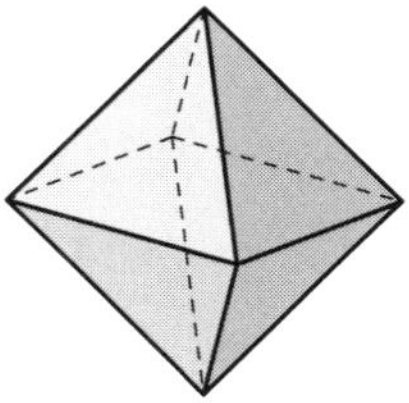

● 正3角形を貼り合わせよう②

どの頂点にも、正3角形が「6枚」集まるように貼り合わせると、何ができるでしょうか。

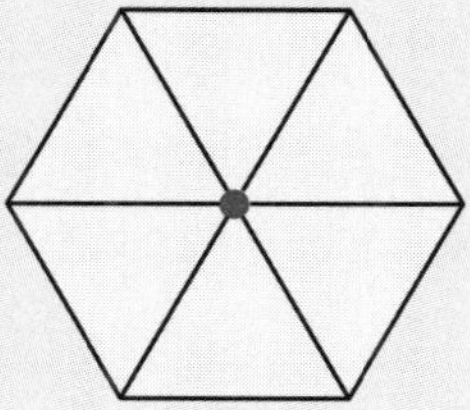

もちろん「平面」……だよね？　他にないよね？

床は、正3角形の「木の板」で敷き詰められるからな。

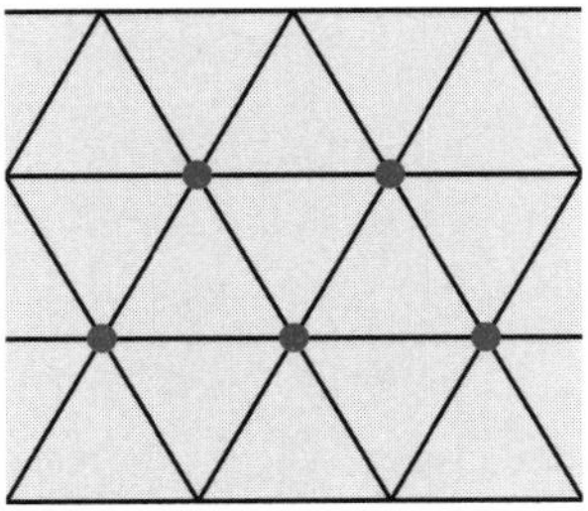

もし**平面**しか思いつかなかったら、先入観にとらわれているのかもしれませんよ。そもそも「**正多面体は５種類しか存在しない**」というのは、**ユークリッド幾何**での話です。ユークリッドは『**原論**』の最後に、その証明を載せました。

正多面体は、プラトンが著書で紹介したことから、**プラトンの立体**とも呼ばれています。だからといって、プラトンが最初の発見者というわけではありません。ある高名な幾何学者は、こんなことを語っています。

——　火の使用を最初に発見したのは誰か、と同じくらい、そんなことを問題にするのはバカげている。正多角形で遊んでいたら、子どもだって発見できるよ。——

もちろん正３角形が「木の板」なら、面は曲がりません。このときは頂点に６枚集めていくと、必ず平面になってきます。

でも、正３角形が「布」や「柔らかい紙」ならどうでしょうか。こうなると話は変わってきます。面が曲げられるからです。

そもそも**正多面体**は、「面が同一の正多角形」「どの頂点に集まる面の枚数も同じ」という２つの条件で定義されているわけではないのです。面である正多角形が曲がらないように、前もって条件が追加されているのです。ユークリッドは『原論』に

第5公準を明記したように、曲がってくる可能性を徹底排除したのです。

『原論』の第5公準

1つの直線が2つの直線と交わり、その片側の2つの内角の和が2直角よりも小さいときは、その2直線を延長すると、内角の和が2直角よりも小さい側で交わる。

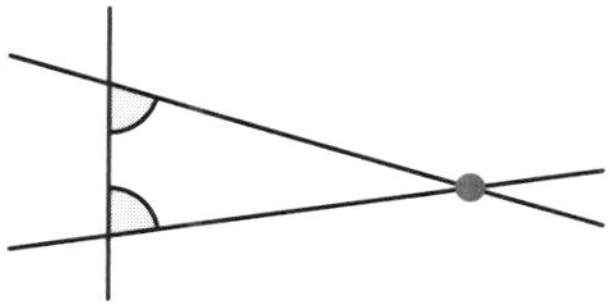

この第5公準は、後の章でじっくり見ていきましょう。

それにしても先ほどの問題で、平面以外のものが気になりますよね。どの頂点にも正3角形を6枚集めたのに、平面でないような何かが……。

さっそく実物をお見せしたいところですが、「柔らかい紙」等から正3角形を切り取り、各頂点で6枚も貼り合わるのは面倒です。そこで、とりあえず正方形に話を進めることにしましょう。

正方形を貼り合わせよう

正3角形の次は、正4角形（正方形）です。

正方形と“別の”正方形の辺を貼り合わせるのです。ここでも各頂点に「2枚」集めて、座布団を作るのは止めておきます。

どの頂点にも、正方形が「3枚」集まるように貼り合わせると、何ができるでしょうか。

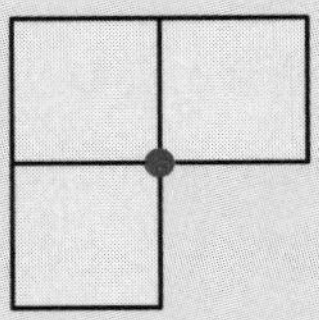

作ってみなくても見当がつきますね。下図左側を２つ貼り合わせた**正6面体**（**立方体**）になります。

立方体も、1つの頂点でボコッと押し込むのは止すわ。

どの頂点にも、正方形が「4枚」集まるように貼り合わせると、何ができるでしょうか。

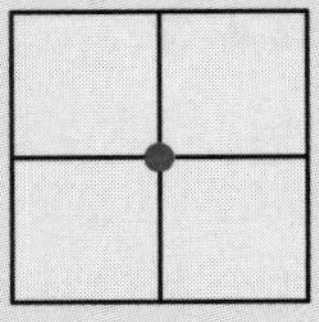

我が家の玄関の床は、
正方形の「タイル」で
敷き詰められているわ。

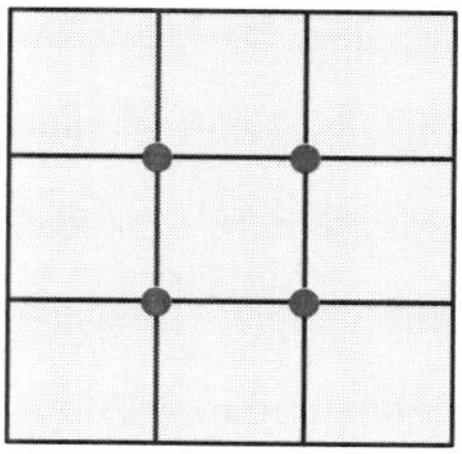

そうだ！「紙」なら
丸めて円柱にできるよ。

上下にどこまでも広がった**円柱**もそうですね。正方形が「木の板」でなく「柔らかい紙」等なら、面は曲げられるのです。

さて「平面」や「上下に広がった円柱」の他に、何か思いつきましたか。

手を動かしていると、パッと思いつくかもしれませんね。

もし実際に作ってみるなら、「しなやかに曲がる紙」の類を用意しましょう。100円均一の店内を物色していると、さまざまな物が見つかりますよ。ラッピングペーパー、（テーブルクロス等に用いる）ふんわりクロス、押入シート、食器棚シート、タンスシート、エアコンフィルター、レンジフードフィルター、等々。

「ふんわりクロス」と「セロハンテープ」で作ろうかな。

それを見て、「フエルト」と「糸」で作ってみるわね。

もし**正方形の型紙**を作るなら、手元にあるチラシで十分です。

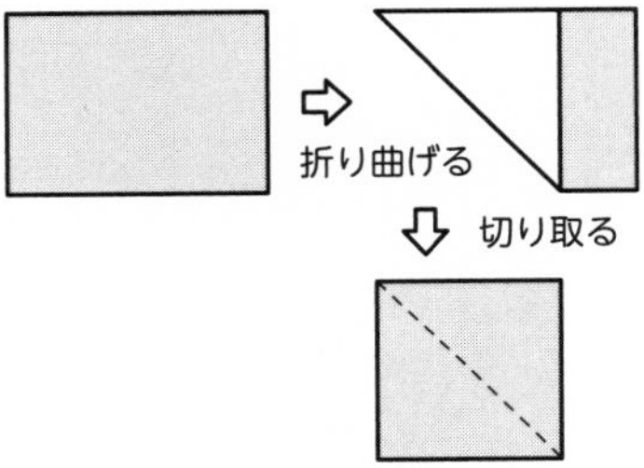

● 正方形4枚で作れるか？

何枚だと、「平面でない何か」ができるのかな。

枚数が無限なら、途中までしか作らないわよ。

正方形4枚を用いて、（下図から引き続き）どの頂点にも「4枚」集まるように貼り合わせると、どんな形になるでしょうか。

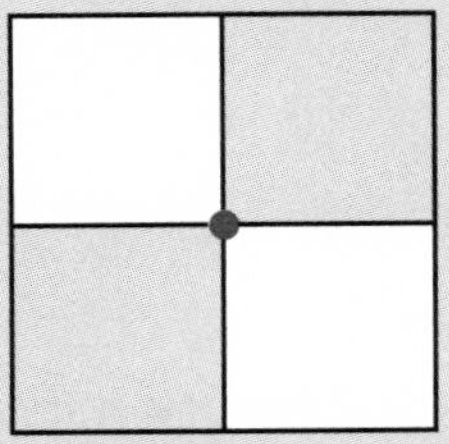

やってみなくても見当がつきますね。

下図の（2枚集まった）頂点Aに、（2枚集まった）頂点Bを（面を曲げて）もっていき、上下の辺を貼り合わせます。

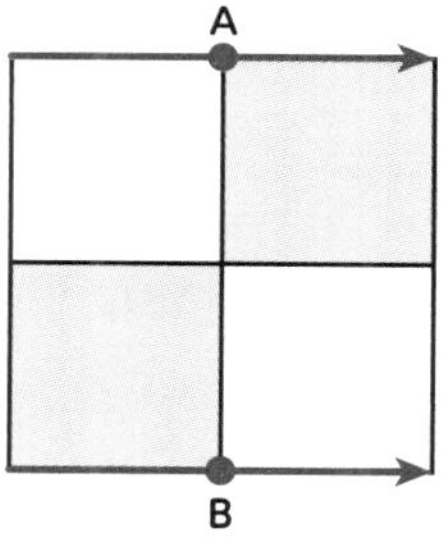

すると、筒形になってきます。

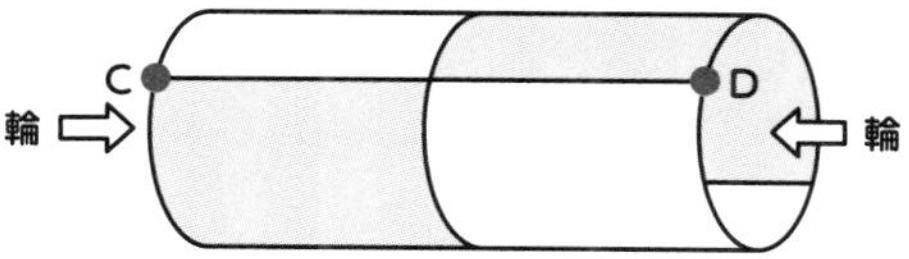

さらに（2枚集まった）頂点Cに、（2枚集まった）頂点Dを（面を曲げて）もっていき、輪と輪を貼り合わせます。

できあがったものは、円筒形の表面、つまり円筒形の内側と外側がつながった立体です。

この立体は、内側の面をズルズルと外側に引きずり出していくと、外側の面はズルズルと内側に引きずり込まれていきます。

（写真p3）

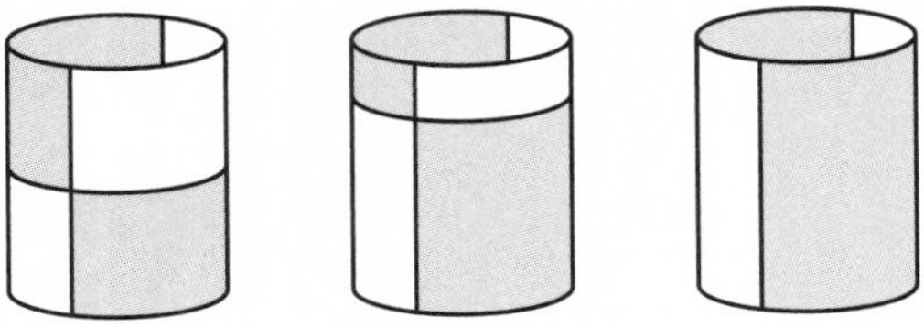

「柔らかい紙」等では無理ですが、自由に伸び縮みする「究極のゴム」で作れば、**トーラス**と呼ばれるドーナツの表面の形になります。正多面体が、どれも**球面**になるのと対照的ですね。

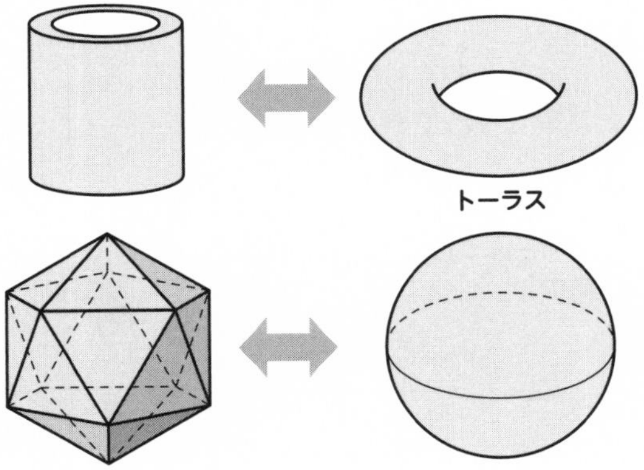

● 正方形５枚で作れるか？

正方形6枚、8枚、10枚、……でも作れるよ。

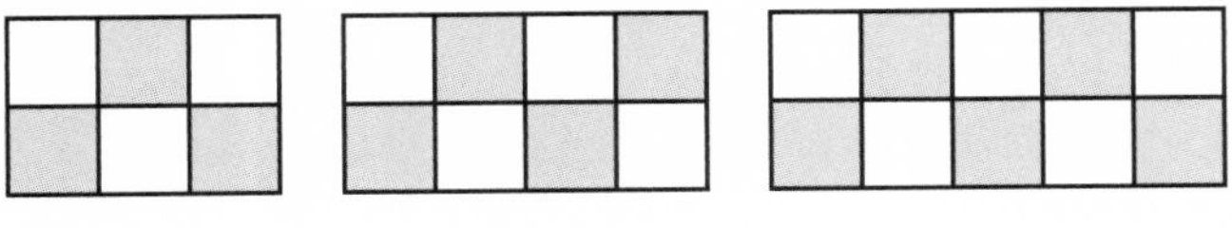

9枚でも作れるわ。でも5枚、7枚、……はどうかな。

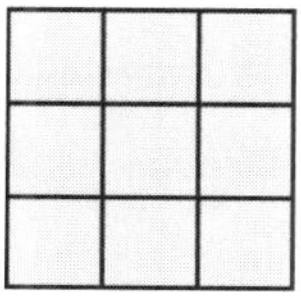

正方形5枚を用いて、(下図から引き続き) どの頂点にも「4枚」集まるように、貼り合わせることができるでしょうか。

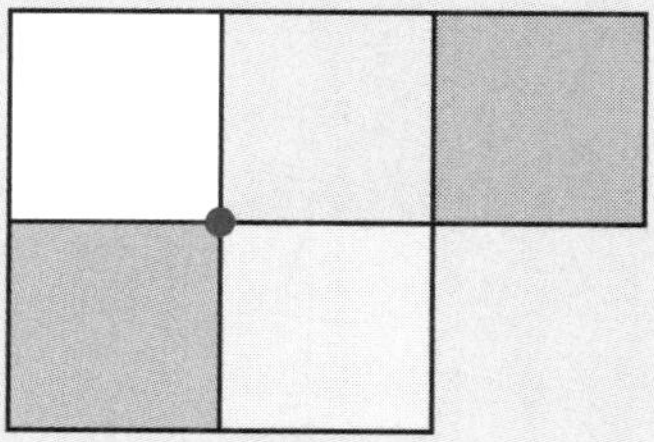

頭の中では難しいかもしれませんね。じつは、できるのです。

下図の (3枚集まった) 頂点Bに、(1枚の) 頂点Aを (面を曲げて) もっていき、同じ矢印の辺どうしを貼り合わせます。

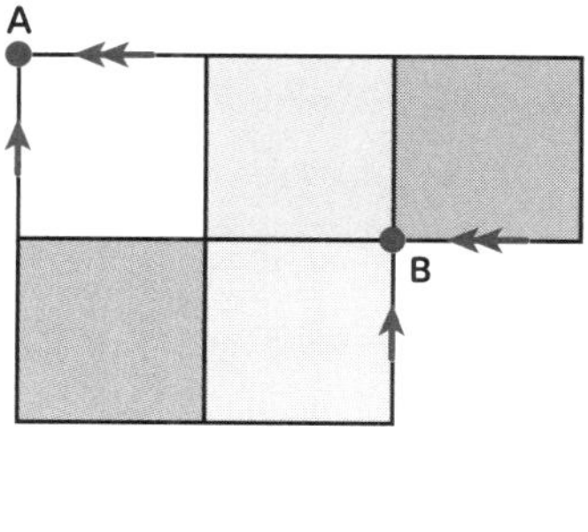

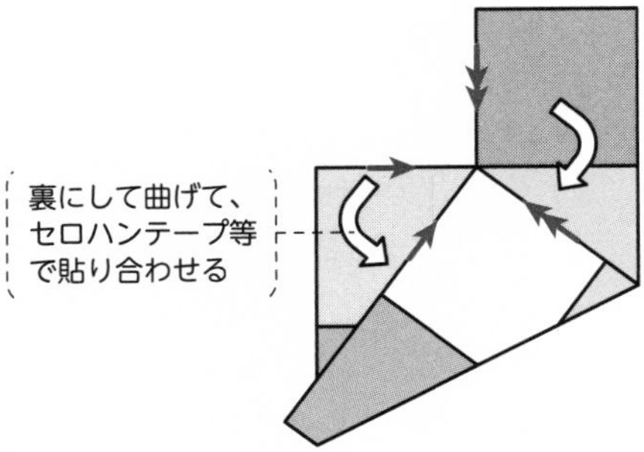

さらに、頂点に４枚集まっていたら貼り合わせると、今度は余計な部分がはみ出たような筒形ができてきます。

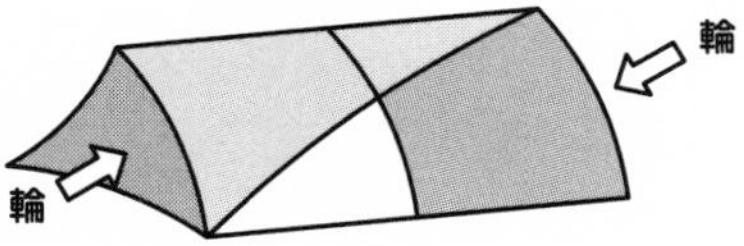

あとは、（はみ出た部分を含めた）輪と輪を貼り合わせるだけです。このとき、どの頂点にもキッチリ４枚集まるようにできるのです。

できあがったものは、やはり円筒形の表面、つまり円筒形の内側と外側がつながった立体です。ただし、内側にシワが生じてきます。（写真p3）

もし「究極のゴム」で作って（シワを伸ばし）、伸び縮みさせたら**トーラス**になります。

今回はシワがじゃまですが、うまくやれば内側の面をズルズルと外側に引きずり出し、柄を変化させて楽しめます。

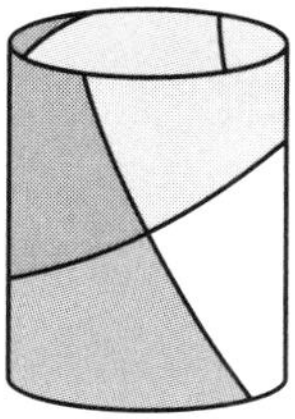
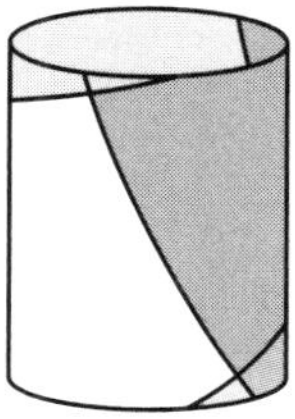

じつは正方形が何枚であっても、（4枚以上なら）どの頂点にも「4枚」集まるようにできるのです。

ただし「同じ枚数」で作っても、見た目の形やシワの生じ方は異なってきます。（写真p3右下は、下図の9枚ではなく、「同じ7枚」で作ったものです。）

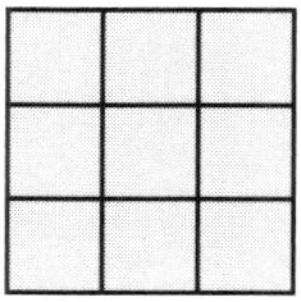
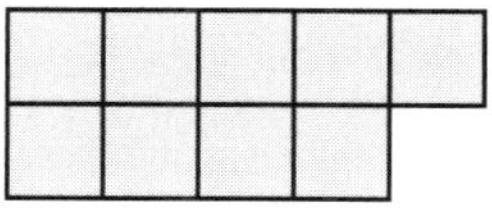

もし「究極のゴム」で作れば、いずれも**トーラス**となることに変わりはありません。

4
「正6角形」で作る“平ら”な正多面体もどき

● 正5角形を貼り合わせよう

正3角形、正4角形（正方形）の次は、正5角形です。
ここでも、「2枚」でクッションを作るのは止めておきます。

どの頂点にも、正5角形が「3枚」集まるように貼り合わせると、何ができるでしょうか。

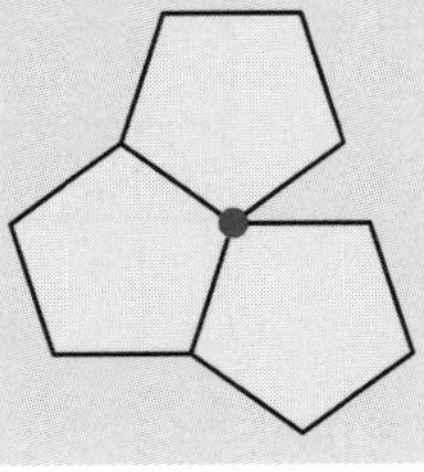

もう**正12面体**だけ……、とは思いませんよね。

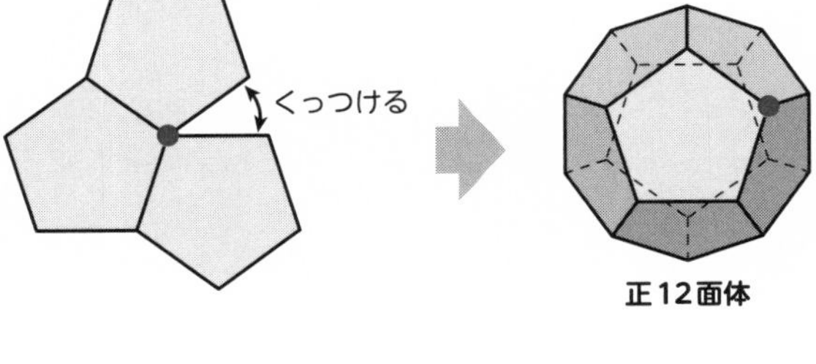

正12面体

１つの頂点でボコッと押し込んだ、凹んだ立体もできてきます。

では次に、どの頂点にも「４枚」集まるようにできるでしょうか。もし正５角形が「木の板」なら、面が重なってしまいますね。

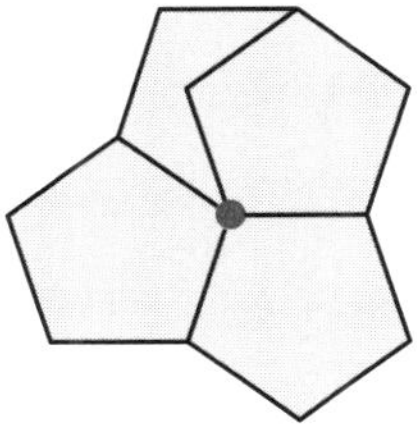

でも正５角形が「布」や「柔らかい紙」等なら、やはり話は変わってきます。面を曲げて押し込めるからです。

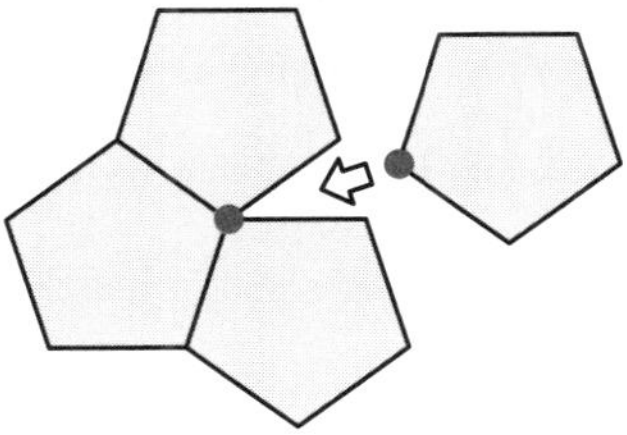

このときは、頂点の周りが“だぶついて”きますね。「正３角形６枚」や「正方形４枚」のときとは異なり、このときの頂点の周りは“平ら”ではありません。もちろん、正多面体の頂点の周りのように“とがって”もきません。

この“だぶついた”場合に関しては、後の章で見ていくことにしましょう。

「正3角形7枚」や「正方形5枚」でも、頂点の周りは“だぶつく”わよ。まるでフレアースカートみたいにね。

● 正6角形を貼り合わせよう

正５角形の続きは後の章に回して、次は正６角形です。

正６角形でも、「２枚」でクッションを作るのは止めておきます。

どの頂点にも、正６角形が「３枚」集まるように貼り合わせると、何ができるでしょうか。

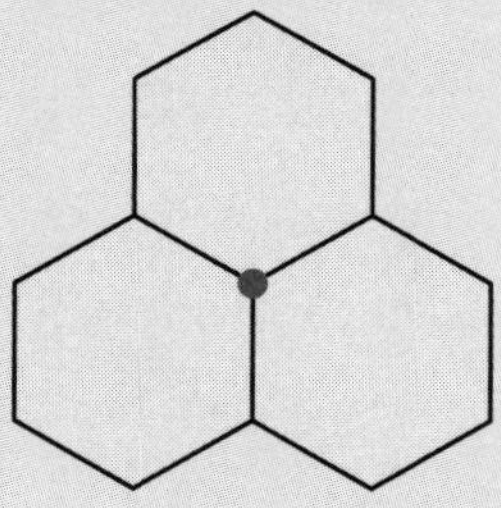

「平面」の他にも、丸めれば「上下に広がった円柱」ができるわ。

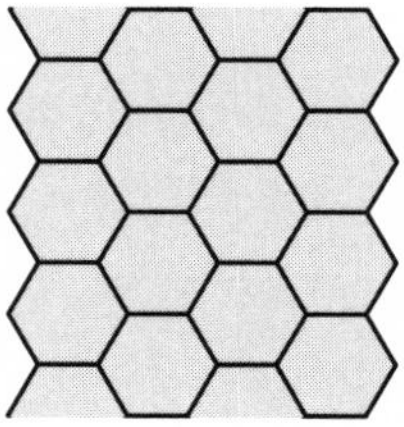

他にも、「平面でない何か」ができるのかな。

ちなみに（面は曲がらないとの条件をつけた）ユークリッド幾何では、正6角形まで考察して終了です。正7角形以上では、頂点に面を「3枚」集めた段階で重なってしまうからです。

ユークリッド幾何での**正多面体**は、次の**5種類**だけです。

正3角形の面　→　「正4面体」「正8面体」「正20面体」
正4角形（正方形）の面　→　「正6面体（立方体）」
正5角形の面　→　「正12面体」

さて問題にもどりますが、実際に作ってみるなら、まずは**正6角形の型紙**が必要ですね。もし分度器やコンパスがなくても、次のようにすれば大丈夫です。

まず正方形（p58参照）から、正3角形を切り取ります。2等辺3角形の2辺と、（残りの）底辺の長さが等しいならば、それは正3角形ですね。

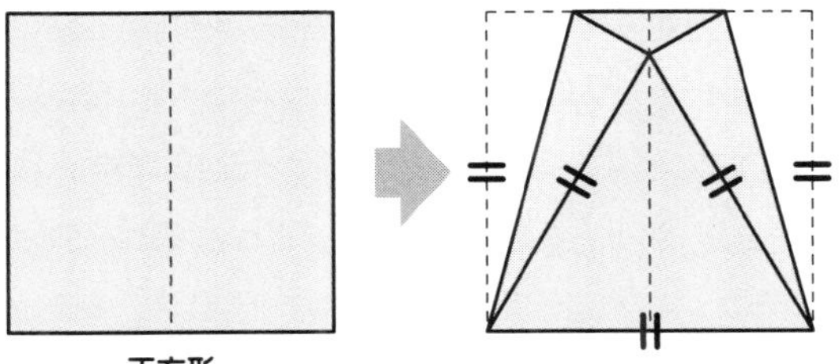

正方形

この正3角形から、引き続き正6角形を作っていきます。

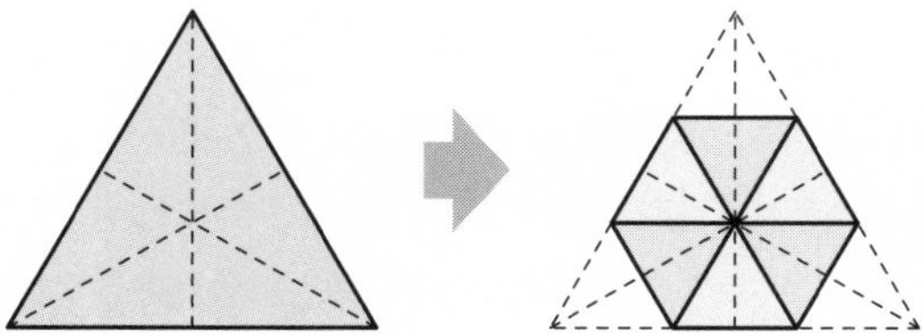

紙に正6角形を描く場合は、正方形の紙にあらかじめ補助線を引いておくと便利です。ただし（目盛りのある）定規を用います。定規を当てて長さをそろえながら、頂点をとっていくのです。

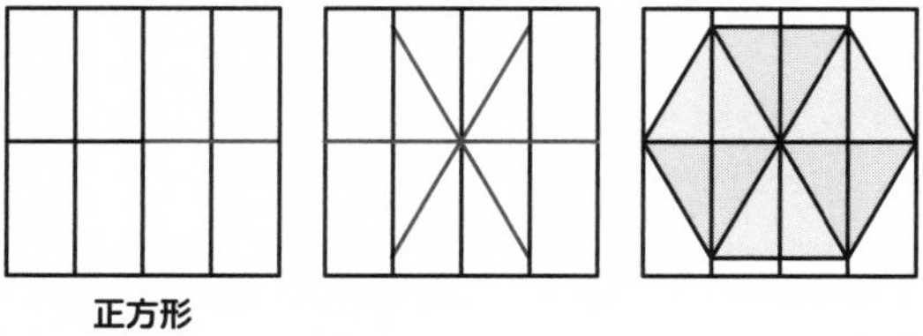

● 正6角形4枚で作れるか？

正6角形ですが、本来ならば3枚から始めてみるべきですね。もちろん3枚あれば、1つの頂点に残り2枚を集めて「3枚」にできます。しかも、実際にそうやって作れるのです。

ただ、あまりお勧めできない事情があります。貼り合わせる際に、目一杯ねじる必要があり、（紙では）かなり難しいのです。しかも、ねじったときのシワで、ガッカリする“できばえ”となるのです。

じつはこれは、3枚のときだけではありません。5枚でも、

7枚でも、9枚でも、奇数枚のときは、目一杯ねじる必要があるのです。そこで、3枚の場合は後回しにしましょう。

正6角形4枚を用いて、（下図から引き続き）どの頂点にも「3枚」集まるように貼り合わせると、どんな形になるでしょうか。

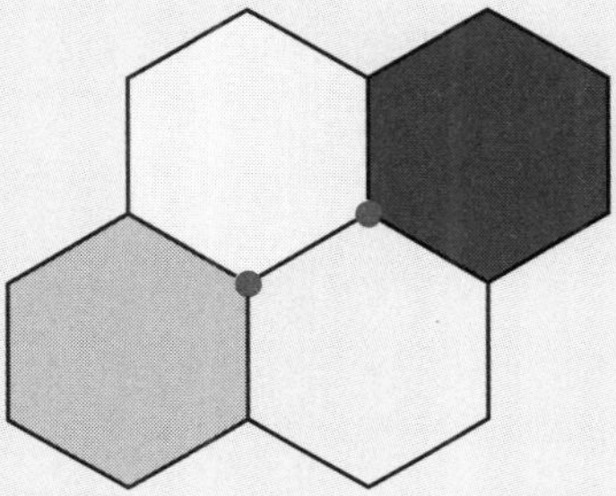

おおよそ見当がつきますね。頂点に3枚集まるように、下図の頂点Aと頂点B（頂点Cと頂点D）をくっつけます。

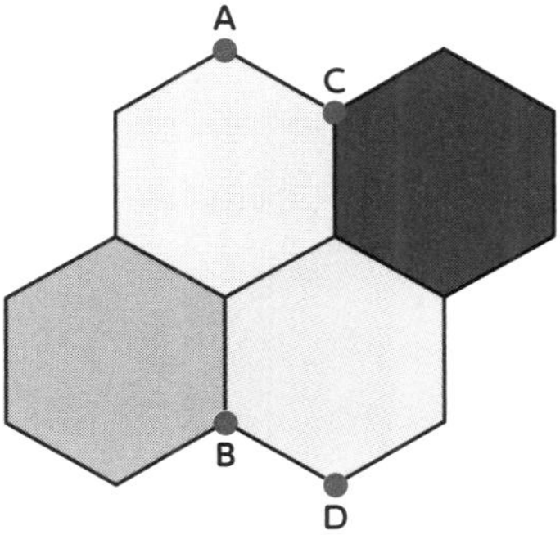

すると、余計な部分がはみ出たような筒形ができてきます。

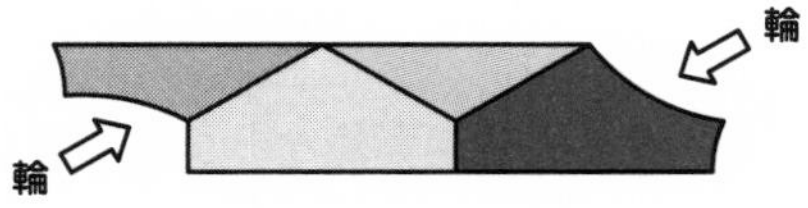

さらに、(はみ出た部分を含めた)輪と輪を貼り合わせます。

できあがったものは、やはり円筒形の表面、つまり円筒形の内側と外側がつながった立体です。

正方形で作った円筒形とは、またひと味ちがった柄ですね。内側の面をズルズルと外側に引きずり出すと、柄も少しずつ変化してきます。(写真p4)

● 正6角形6枚で作れるか?

それでは枚数を増やしてみましょう。

ただし、先ほどお断りしたように、(ねじれ具合の関係で)5枚はとばして6枚にします。

ちなみに正方形では、頂点に「4枚」集めて"平ら"にすると、枚数を増やしても円筒形(の表面)でした。さて正6角形では、どうなのでしょうか。

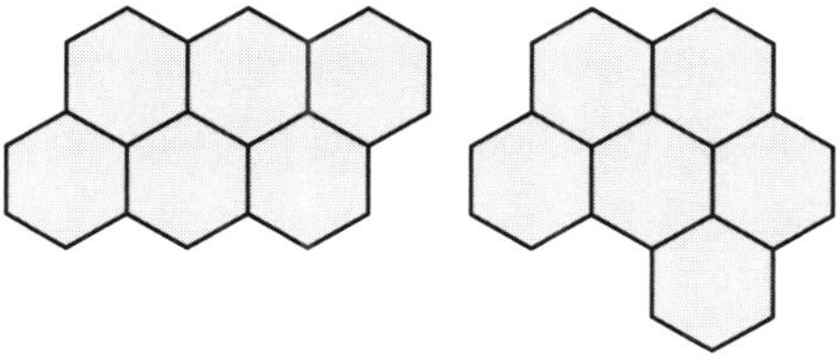

上図左側からは、(4枚と同じようにして) 円筒形ができます。でも右側からは、できるかどうかさえ疑問ですね。でも見方を変えるだけで、図形の印象はガラリと変わります。じつは、できるのです。

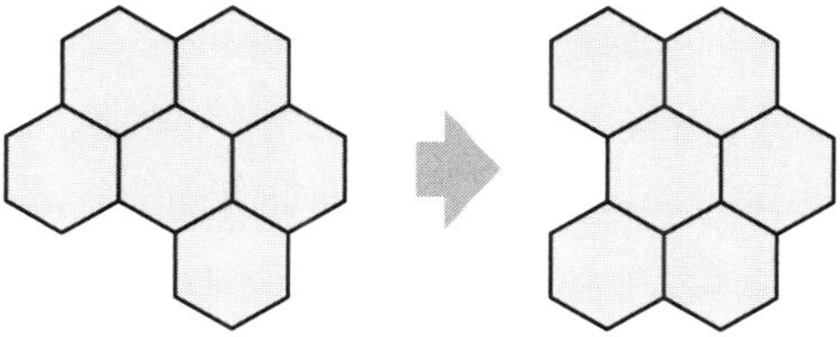

正6角形6枚を用いて、（下図から引き続き）どの頂点にも「3枚」集まるように貼り合わせると、どんな形になるでしょうか。

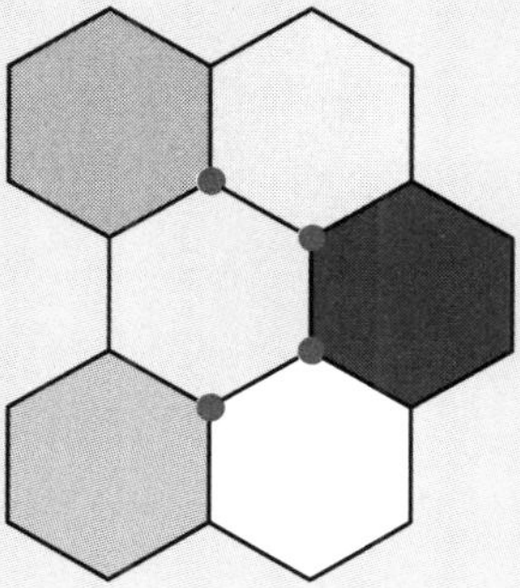

やってみなくても見当がつきますね。下図の（2枚集まった）頂点Aは、（1枚の）頂点Bとくっつけます。真下ではないので、ここで少々ねじれてきます。

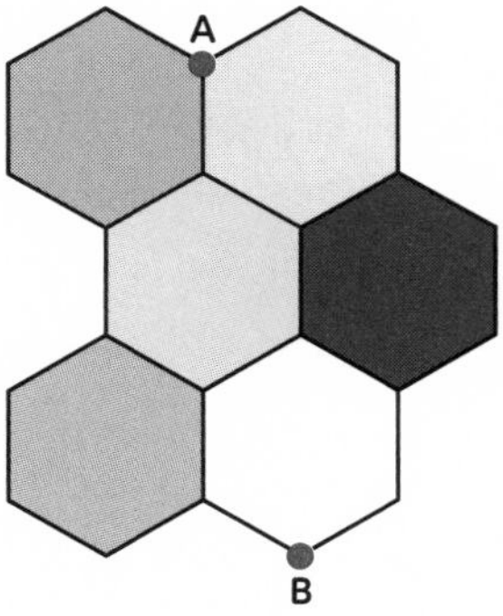

さらに頂点に3枚集まっていたら貼り合わせていくと、余計な部分がはみ出たような筒形ができてきます。

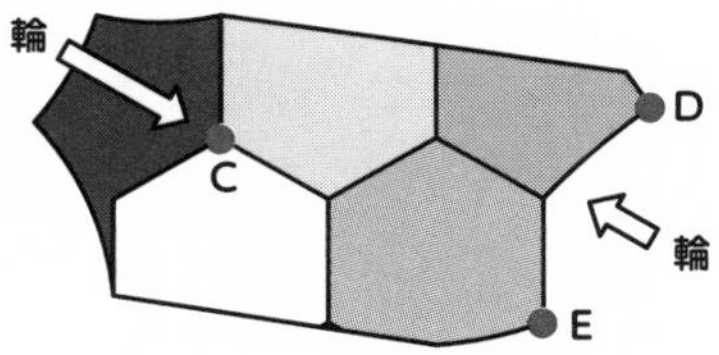

あとは、（はみ出た部分を含めた）輪と輪を貼り合わせるだけです。もし実際に作るのなら、どの頂点にも3枚集まるように気をつけます。たとえば頂点Cに合わせるのは、頂点Dか頂点Eかを（貼り合わせる前に）先々まで確認してみるのです。ここでもねじることになり、さらにシワが生じます。

できあがったものは、やはり円筒形の表面、つまり円筒形の内側と外側がつながった立体です。(写真p4)

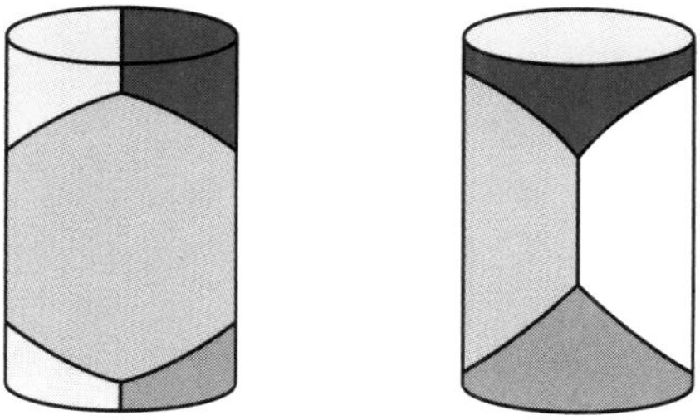

● 正6角形3枚で作れるか？

いよいよ後回しにしていた正6角形3枚です。1つの頂点に、残り2枚の頂点を集めて貼り合わせます。

正6角形3枚を用いて、(下図から引き続き) どの頂点にも「3枚」集まるように貼り合わせると、どんな形になるでしょうか。

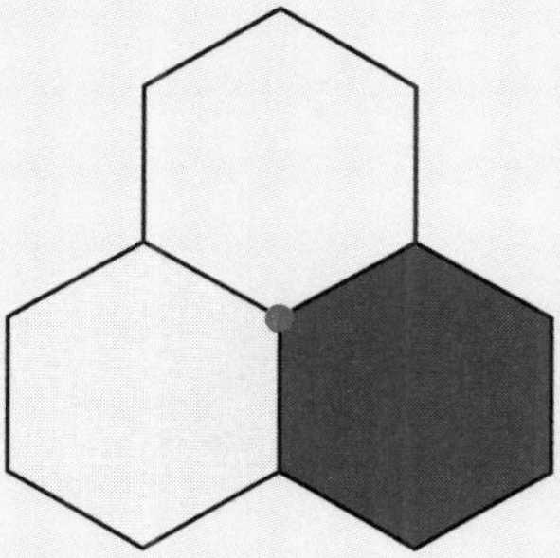

結論をいうと、やはり円筒形の表面、つまり円筒形の内側と外側がつながった立体になります。

ただし目一杯ねじる必要があり、内側には渦をまいたようなシワが生じてきます。そのシワで、今にも穴がふさがりそうです。(写真p4下)

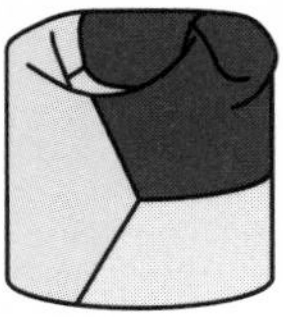

もしどうしても作って確認したいなら、手芸が得意な方にお願いした方がよいかもしれません。フエルト等の布を糸でしっかり縫い合わせた方が、丈夫でねじれにも耐えられるからです。

 作り方って……、要は頂点に「3枚」集めるだけよね。

まずは、下図の頂点Aと頂点Bをくっつけて縫い合わせます。

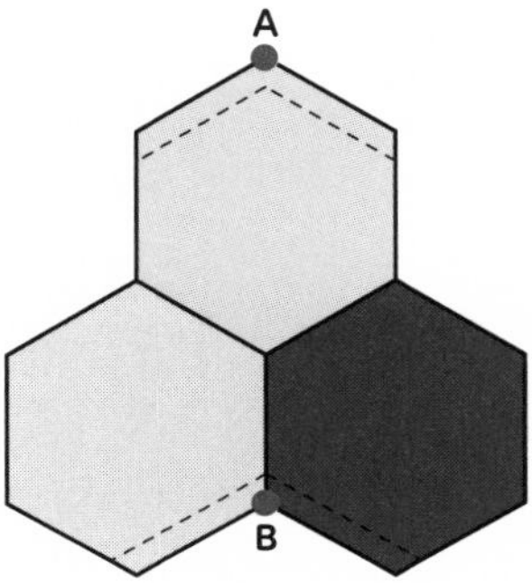

すると、余計な布がはみ出たような筒形ができてきます。

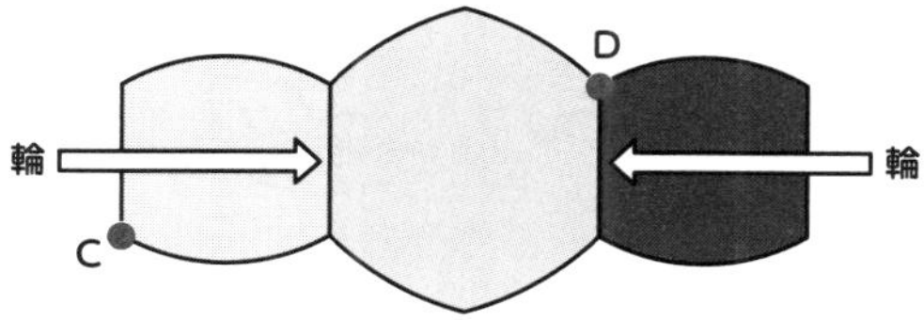

難しいのはここからです。

(はみ出た部分を含めた) 輪と輪をくっつけて縫い合わせるのですが、どの頂点にも3枚集まるようにするには、布を目一杯ねじる必要があるのです。たとえば頂点Cを頂点Dにくっつけるのは、これまでのように自然にはいきません。

せっかく作っても置物にもならず、確認するだけとなりそうですね。

工作コーナー

「正方形&ひし形」でパッチワーク

美しいパッチワークを作ってみませんか。

台紙に、色紙を貼っていきましょう。もし手芸が得意なら、「テーブルクロス」や「こたつカバー」等によいかもしれません。

下図は、「正方形」と「ひし形」の２種類だけを用いたものです。（端の空白となっている部分は、「正方形の半分」です。）

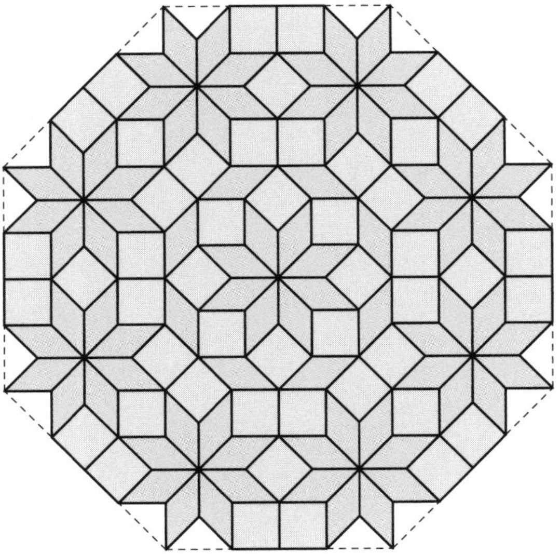

ここで用いた「正方形」と「ひし形」は、正８角形に由来しています。これから見ていきましょう。

まず、正８角形を並べてみます。(p158下図参照)

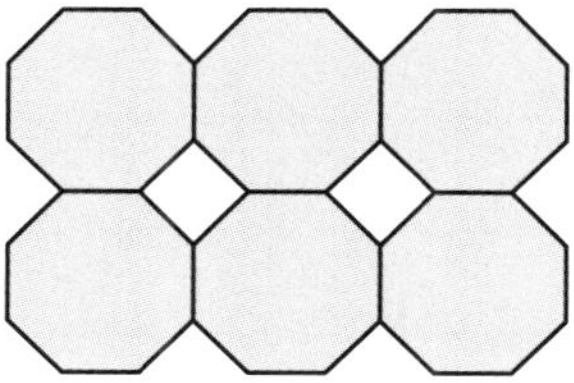

ここで、下図の（すき間を含めた）正方形を見てみます。

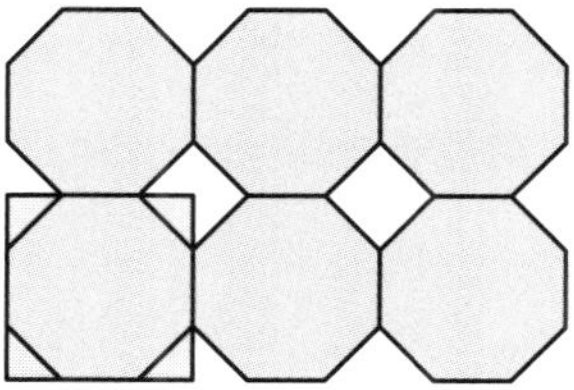

さらに、この「4分の１」を見てみます。

この上図右側を基にして、これから型紙を作っていきます。

それでは正方形の紙を用意して、折り曲げていきましょう。

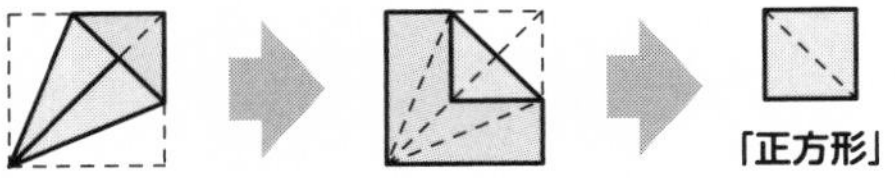

これで**「正方形」の型紙**が切り取れました。

切り取った残りを半分にして、さらに折り曲げて余計な部分を切り落とします。

これで**「ひし形」の型紙**も切り取れました。

これまでのところ、(正方形の90°の角を半分にした) 45°分が、「正方形」と「ひし形 (の半分)」で敷き詰められました。

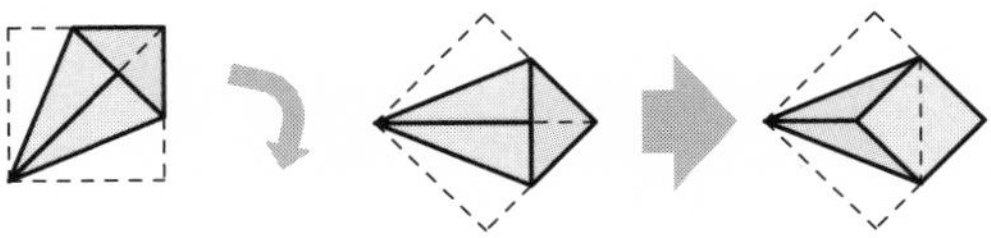

ちなみにパッチワーク用の図案は、45°分だけを作成します。同じものを (360°÷45°=) 8枚作って、つなぎ合わせればよいからです。

「正方形」と「ひし形」を、パズル気分で組み合わせていくのは大変ですね。

　でも図案を作る分には、つないで大きくするのも、分割して小さくするのも同じことです。実物大である必要はないからです。

　下図は分割していく様子ですが、8枚つなぎ合わせると正8角形となるように、追加・移動しています。

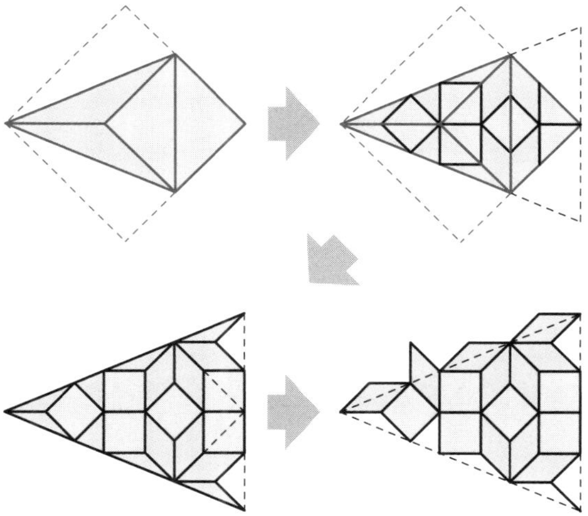

　これを8枚作ってつなぎ合わせたものが、p76の図です。

　これでは物足りないと思われる方は、さらに細かく分割して、適当なところで切り取ったものに挑戦してみてください。図案は（回転対称性のあるものなら）45°分で十分です。

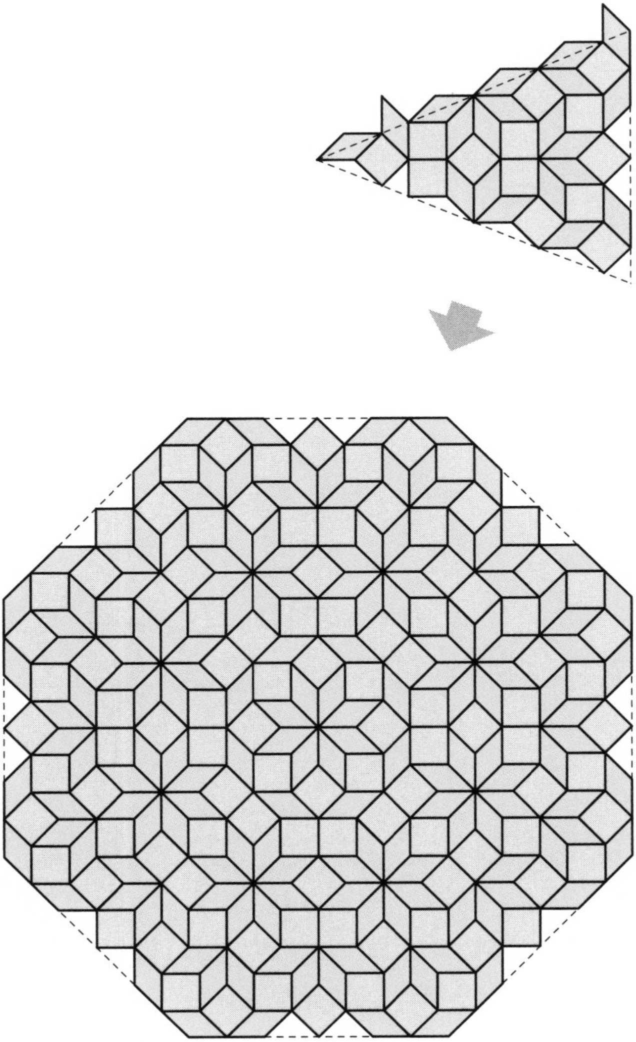

もし長方形にしたいなら、大きめの図案を作って、適当に切り取ればいいですね。

「ひし形」を探そう!

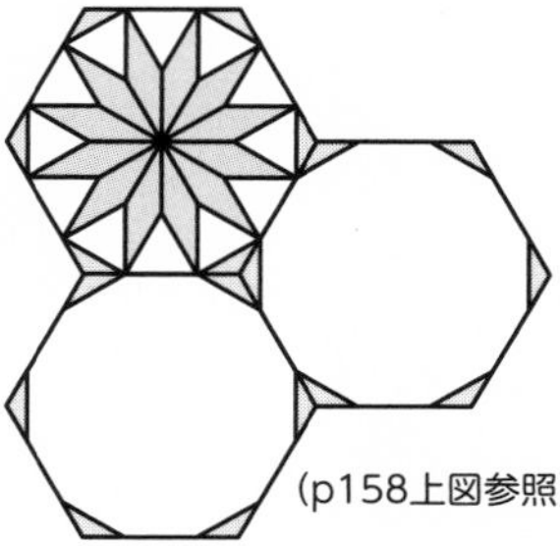

(p158上図参照)

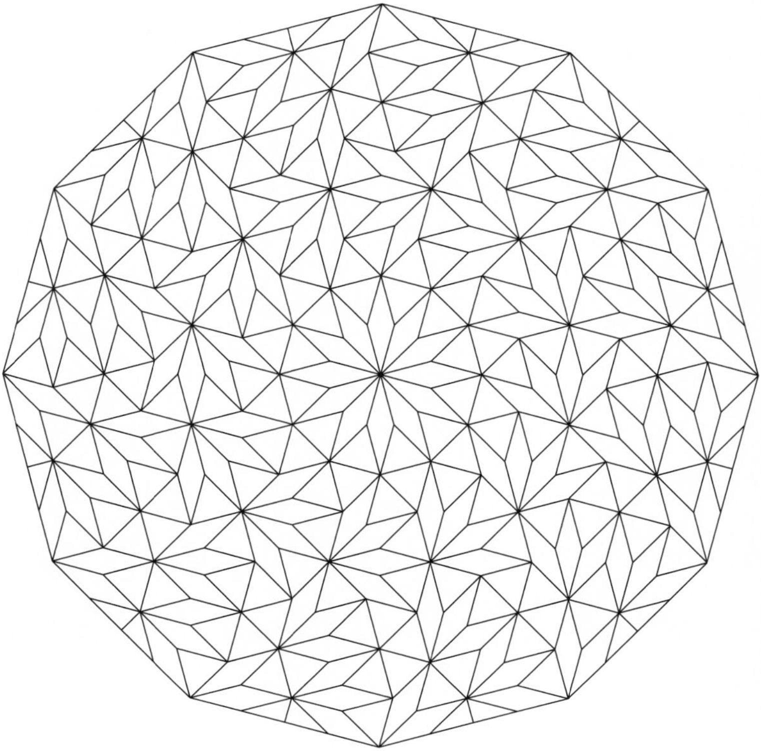

Part 3

「正多面体」から「g穴トーラス」へ

～頂点周りが“だぶついた”正多面体もどき～

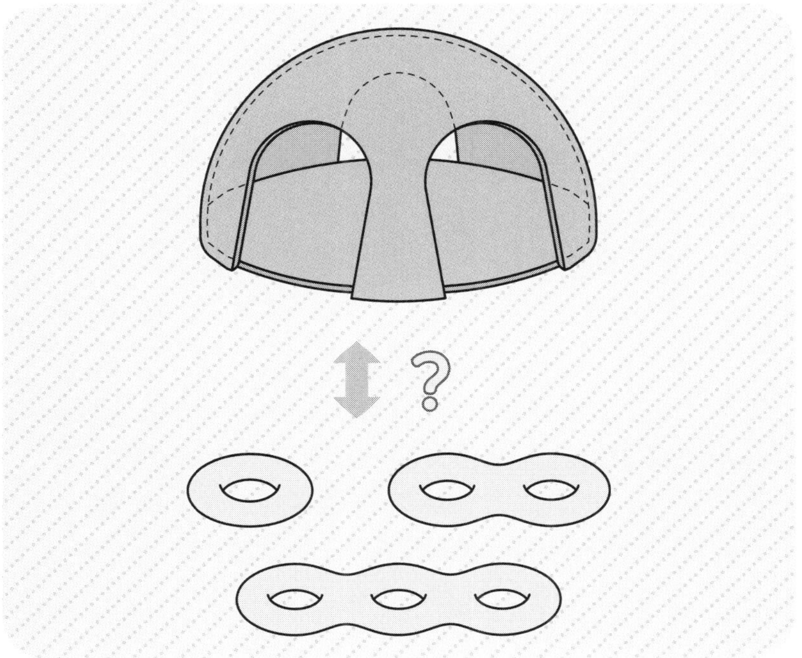

5
「窓3つの形」は「穴いくつの形」か？

● 窓（出入り口）のある形

 考えるのは、正多角形を貼り合わせた形だね。

 ただし、各頂点に「同じ枚数」を集めるのよ。

この章では、各頂点に「**4枚**」集まった形を見ていきましょう。

じつは正6角形、正8角形、正10角形などの正「偶数」角形では、各頂点に「**4枚**」集まっている形が、どれも「**4枚**」用いることで簡単に作れるのです。

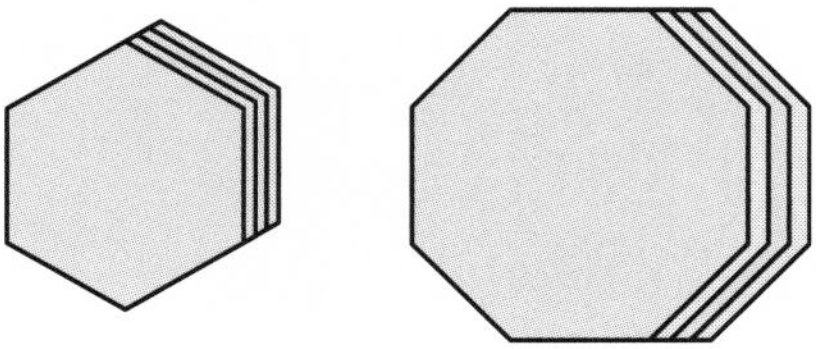

空気が半分ぬけたボールを1箇所で凹ませると、（出入り口が1つの）洞窟ができますね。共通の1つの洞窟から開いた出入り口を「**窓（出入り口）**」、入り口から出口まで（他に出入り口がなく）専用の洞窟でつながっているのを「**穴（トンネル）**」と呼ぶことにします。（通常は窓と出入り口は別ですが……。）

ちなみに「窓」というのは、ここだけでの呼称です。

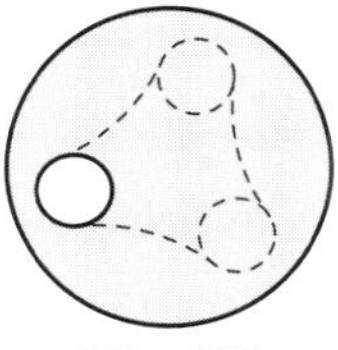
窓３つの形

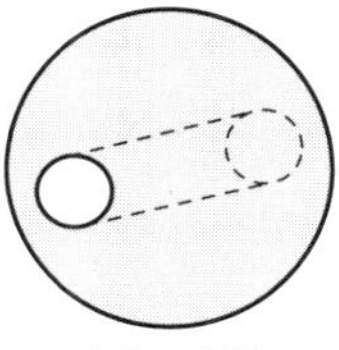
穴１つの形

「窓２つの形」は「穴１つの形」だよ。

円筒形の表面は、「穴１つの形」ね。

正６角形４枚を用いた「**窓３つの形**」は、次のようなものです。
（写真p5上）

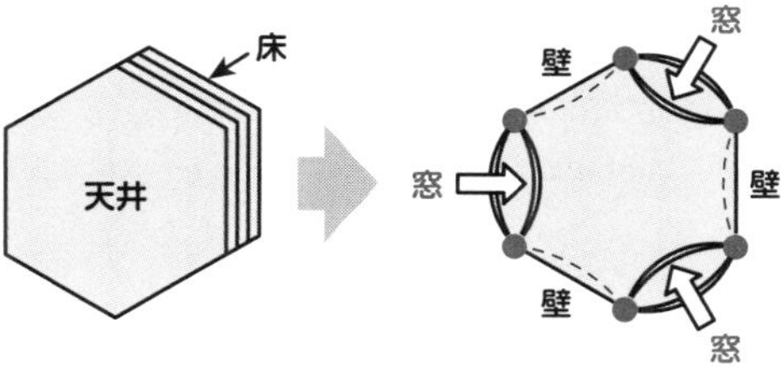

“天井”の上側・下側で２枚、“床”の上側・下側で２枚の計４枚で、「**窓**」（出入り口）と「**壁**」を交互に作ったものです。

もちろん面４枚を、１つの辺で貼り合わせることはありません。辺で貼り合わせるのは、あくまでも「２枚」だけです。

「**壁**」となっている辺では、天井の下側と床の上側を貼り合わせてから、天井の上側と床の下側を貼り合わせています。

「**窓**」となっている辺では、天井の上側と下側、床の上側と下側を貼り合わせています。

6つの頂点では、面が「4枚」集まっていますね。

「窓3つの形」は「穴いくつの形」でしょうか。

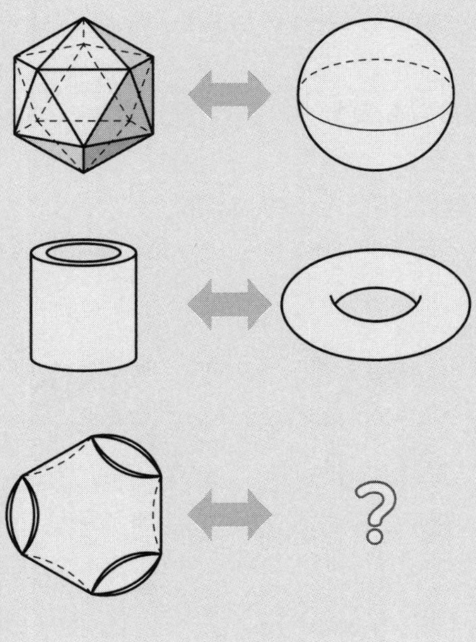

ちなみに上図右側は、「究極のゴム」で作った形です。

自由に伸び縮みしたら、実際にやってみたいけど……。

「究極のゴム」でなくても、「柔らかい紙」等で作ったもので十分に確かめられます。でも（頭の中で）作り方を考えてみるだけでも、おおよそ見当がつきますよ。

● 正６角形４枚での作り方から

それでは（頭の中で）作り方を考えてみましょう。

まずは正６角形を２枚並べて貼り合わせたものを、２組作ります。さらにこの２組を重ねて、下図のように貼り合わせて筒形にします。２組を貼り合わせた箇所は、破線のある辺です。

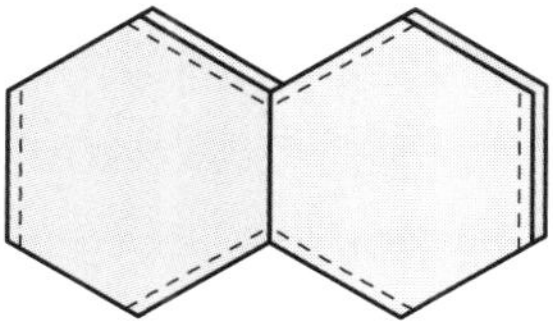

デフォルメして図示すると、次の通りです。（下図は筒形です。中央の辺で、面が「４枚」も貼り合わされていることはありません。）

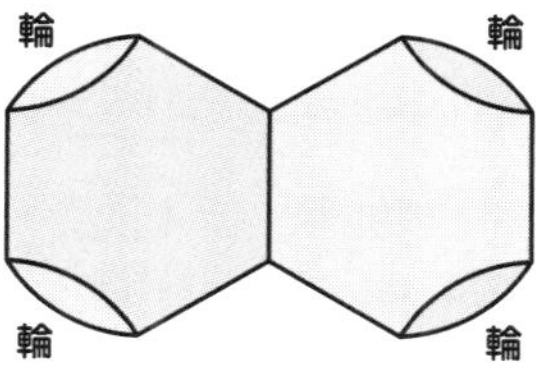

これを真ん中で折りたたみ、輪と輪を（前の辺どうし、奥の辺どうし）貼り合わせると「壁」になります。

その間が「窓」となり、「窓３つの形」となるのです。

各頂点には、面が４枚集まってきます。

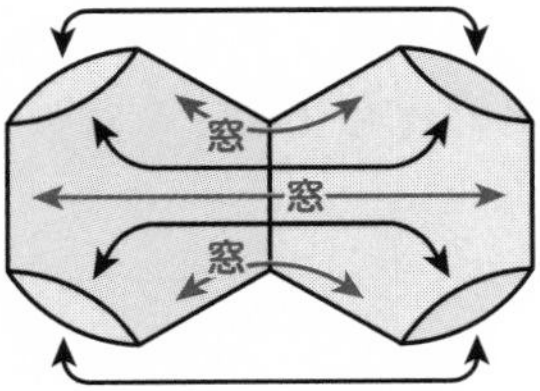

問題は、穴（トンネル）の個数でしたね。

輪と輪を貼り合わせると、穴（トンネル）が１個できます。ということは……、穴は全部で２個です。

「窓３つの形」は「**穴２つの形**」というわけです。

もし自由に伸び縮みする「究極のゴム」で作ったら、通称「**２穴トーラス**」と呼ばれる２穴ドーナツ曲面（２人乗り浮き袋）になります。

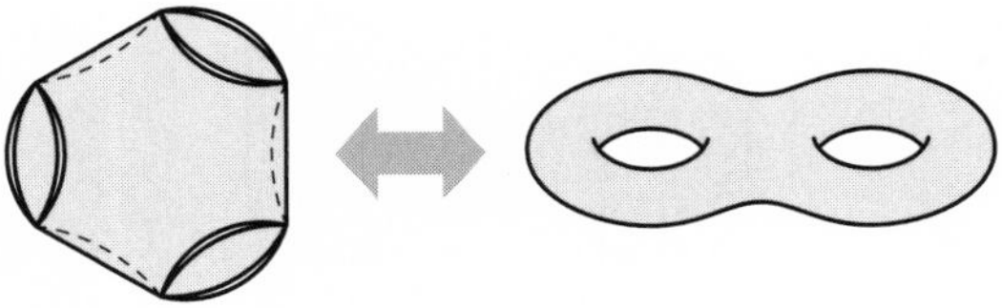

正6角形4枚で作ってみよう

輪と輪を貼り合わせると、本当に穴（トンネル）に？

　すんなり納得できましたか。もしかしたら今ひとつ……。

　そんなときにお勧めなのが、その目で確かめてみることです。柔らかい紙等で「窓３つの形」を作って、本当に「穴２つの形」なのかを見てみるのです。ちなみに正6角形の型紙の作り方は、p68にあります。

「窓３つの形」が完成したら、いよいよ“変形マジック”です。タネもしかけもありませんが、まるで本物のマジックのように形が変わります。もしかしたら感動ものかもしれませんよ。

　変形のやり方ですが、(披露する前に)コツをつかみましょう。内側の部分を引きずり出すなどして、下図のように形を整えます。つまり正面に（４枚集まった）頂点をもってくるのです。

　残りの頂点は、この正面の頂点で串刺しにした所で見つかります。正面とその裏、中面の表と裏、背面の表と裏の計６個です。

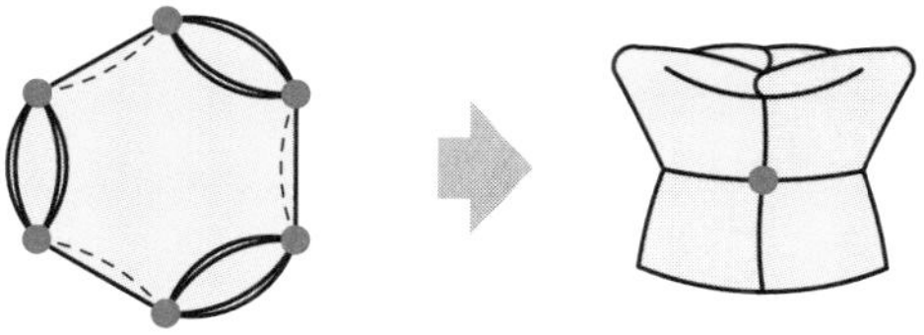

　それでは、上からのぞいてみましょう。(写真p5中)

すると、「**穴（トンネル）**」が見えますね。もし見えなかったら、シワの間に指を突っ込んでみてください。「穴」が2つ貫通しているのが確認できますよ。

● 正8角形4枚での作り方から

今度は、正8角形4枚を用いた「**窓4つの形**」です。

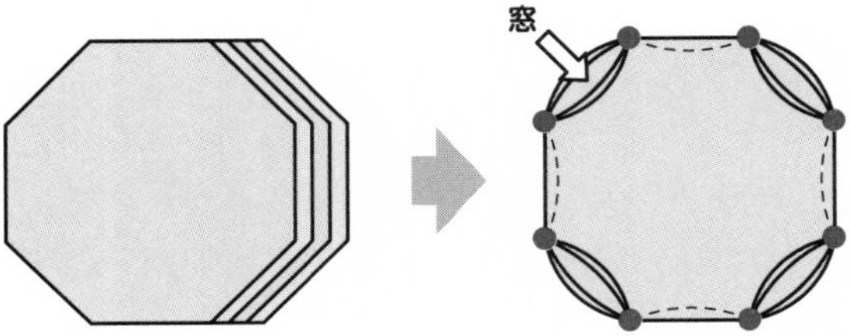

「窓4つの形」は「穴いくつの形」でしょうか。

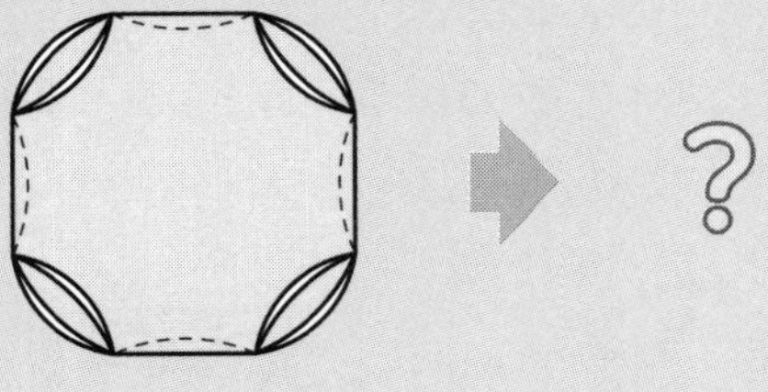

今回も（頭の中で）作り方を考えてみましょう。

正6角形のときと同じように、正8角形を2枚並べて貼り合わせたものを、2組作ります。

さらにこの2組を重ねて、下図のように貼り合わせて筒形にします。2組を貼り合わせた箇所は、破線のある辺です。

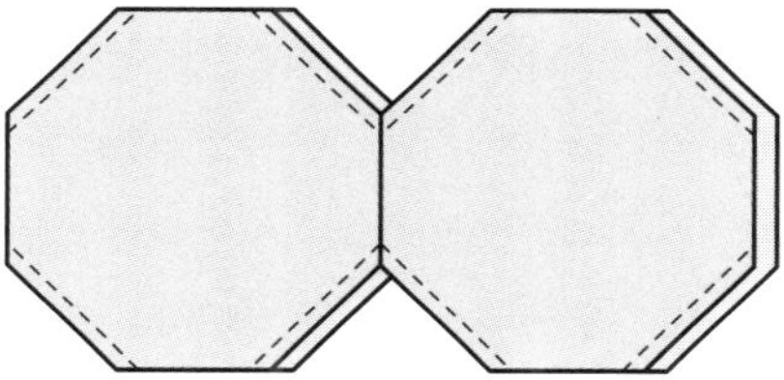

これを真ん中で折りたたみます。輪と輪を（前の辺どうし、奥の辺どうし）貼り合わせると「壁」となり、その間が「窓」となります。こうして「窓4つの形」ができあがります。

問題は、穴（トンネル）の個数でしたね。さて、穴は全部で何個できるでしょうか。

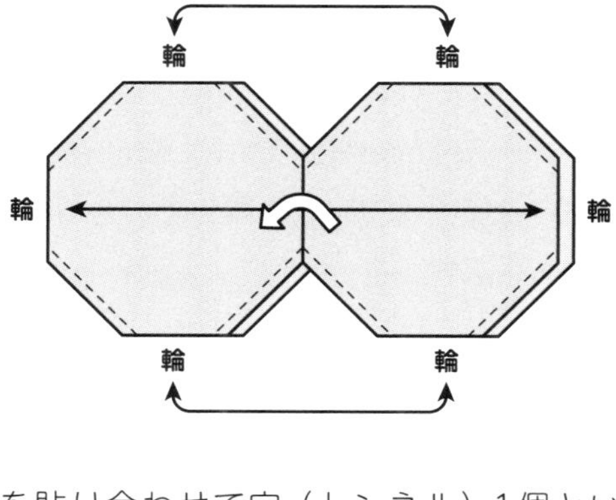

輪と輪を貼り合わせて穴（トンネル）1個ということは……、穴は全部で3個です。

「窓4つの形」は「**穴3つの形**」です。

もし「究極のゴム」で作ったら、通称「**3穴トーラス**」と呼ばれる3穴ドーナツ曲面（3人乗り浮き袋）になります。

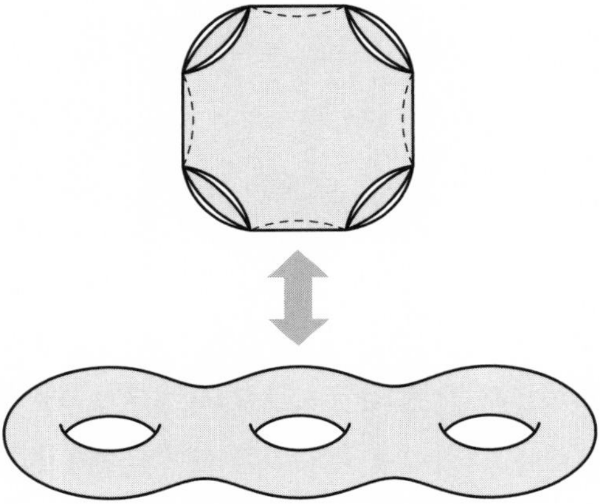

● 正8角形4枚で作ってみよう

今回も、実際に作って確かめてみるのもいいですね。

でもあまり小さいと、シワがじゃまで引きずり出せません。（ふんわりクロス等の）しなやかな素材で、大きめに作ることをお勧めします。

まずは（大きめの）**正8角形の型紙**を準備しましょう。

それには、同じ大きさの正方形を2枚用意します。これらに折り目をつけ、折り目が重なるように合わせます。

さらに、はみ出た部分を折り曲げれば完成です。

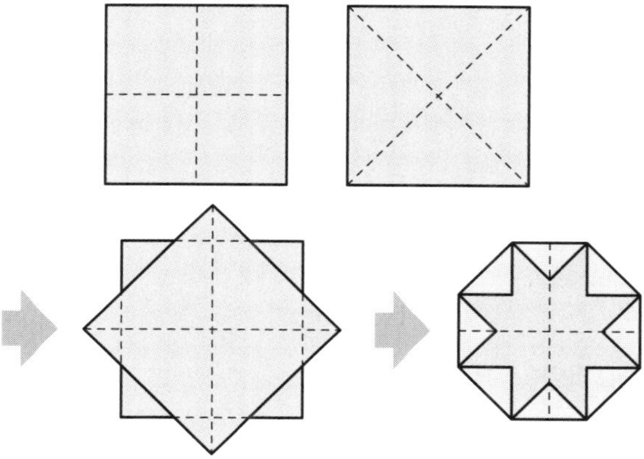

紙に正８角形を描く場合は、あらかじめ正方形の紙に補助線を引いておくと便利です。今回も（目盛りのある）定規を用いて、長さを測りながら対角線に頂点をとっていきます。

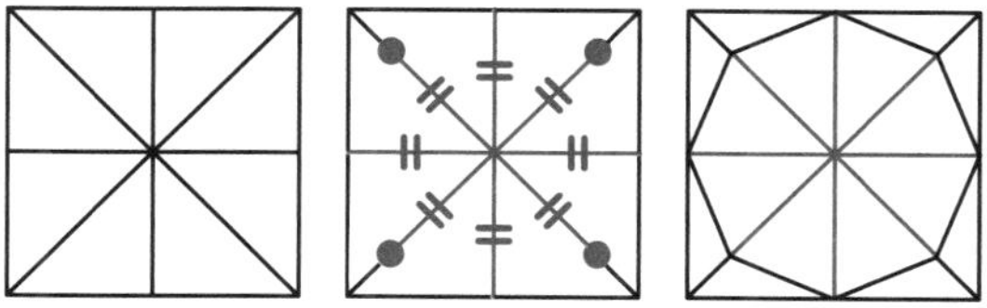

正方形

「窓４つの形」が完成したら、いよいよ“変形マジック”です。今回も、正面に４枚集まった頂点をもってきます。残りの頂点は、この正面の頂点で串刺しにした所で見つかります。

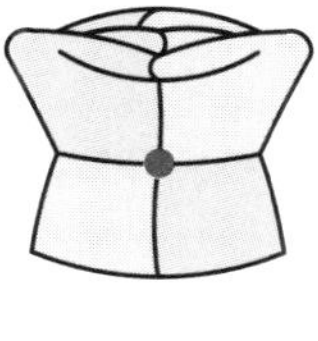

上からのぞいてみると……、たぶんシワでふさがって、「**穴**」（トンネル）が見えないでしょうね。

そんなときは、指を通してみてください。「穴」が3つ貫通しているのが確認できますよ。

さらに頂点も確認しておきましょう。正面とその裏、2つの中面の表と裏、背面の表と裏の計8個です。

● 正10角形4枚では

もしかしたら、正10角形4枚で「**窓5つの形**」を……、と意欲がわいてきたかもしれませんね。

でも、それは止した方が無難です。作り方は同様ですが、問題は“変形マジック”です。引きずり出そうにも、シワがじゃまで仕方ないのです。

どうしても作るのなら、幅30cm程の布を用意してください。幅いっぱいに正10角形を4枚切り取り、しっかり糸で縫い合わせるのです。手芸は誰かにお願いするにしても、布は用意しないといけませんね。自分でやるなら、ボロ布で十分ですが……。

「窓3つの形」は「穴2つの形」だったわ。

「窓4つの形」は「穴3つの形」だったよ。

「**窓5つの形**」は、じつは「**穴4つの形**」となっています。

もし「究極のゴム」で作ったら、通称「**4穴トーラス**」と呼ばれる4穴ドーナツ曲面（4人乗り浮き袋）になります。

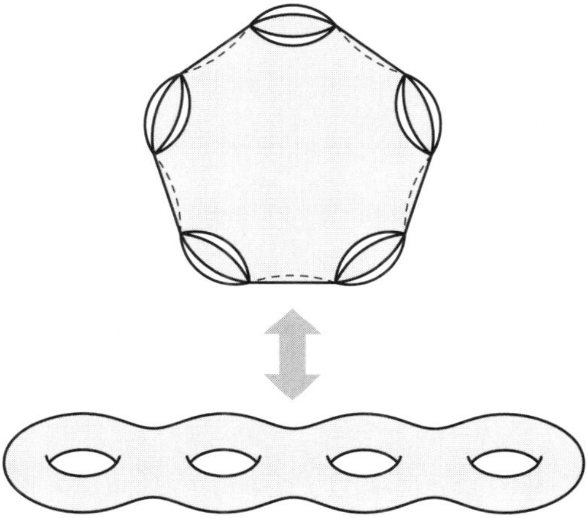

6 「穴2つの形」は「窓3つの形」だけか？

● 同じ「正6角形4枚」でも

正6角形「4枚」で、「窓2つの形」以外に作れる？

各頂点に「4枚」集めるだけなら、他にも作れそうよ。

正6角形4枚で、各頂点に「4枚」集めても、じつはいつでも「窓3つの形」になるわけではありません。

さて、他にどんな形があるのでしょうか。

ちなみにここで用いているのは、あまり伸び縮みしない素材です。もし「究極のゴム」で作ったら、いつでも「穴2つの形」である「窓3つの形」に変形でき、他にはないことになります。

「窓3つの形」は、「穴2つ」の向きが同じだったわ。

「穴」の向きが異なるように、作ってみるわね。

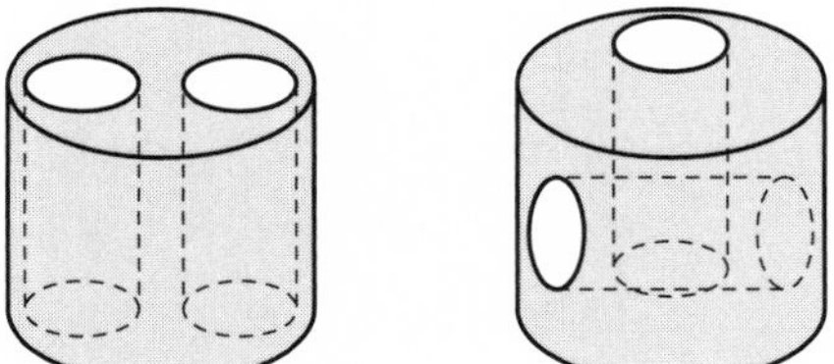

正6角形4枚を用いて、どの頂点にも「4枚」集まるように貼り合わせます。「穴」を別々の向きにするには、どうしたらよいでしょうか。

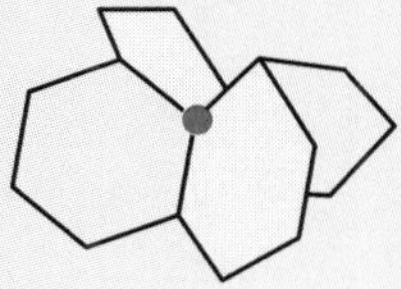

まずは、p87の「窓3つの形」の作り方を振り返ってみましょう。

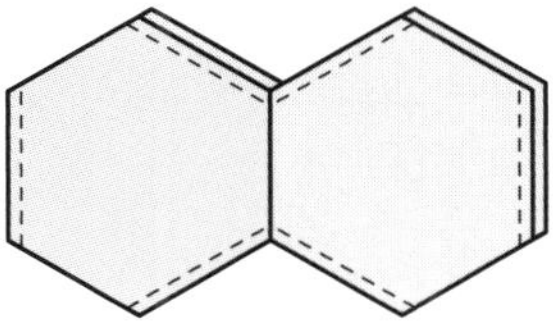

ただし、ここまで進めてしまうのは止めて、両端は貼り合わせていない段階にもどります。

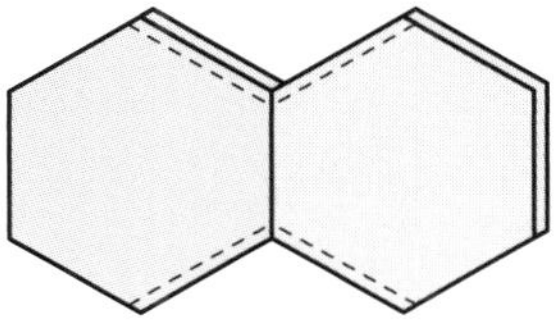

さて2つの「穴」のうち、とりあえず片方だけ作ることにします。p88上図の輪と輪を、下の方だけ貼り合わせるのです。

つまり真ん中で折りたたんで、下の方だけ「壁」を作ります。もちろん、その間は「窓」になってきます。

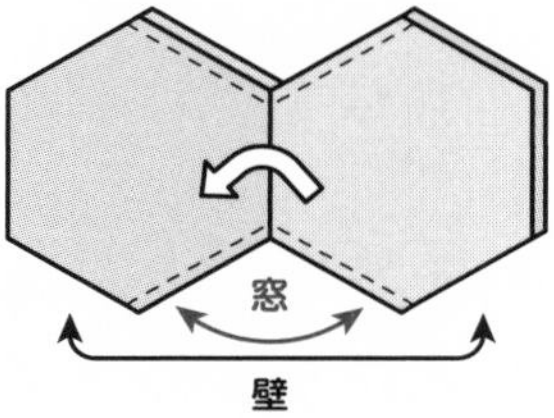

「**壁**」の作り方は、天井の下側と床の上側を貼り合わせてから、天井の上側と床の下側を貼り合わせます。

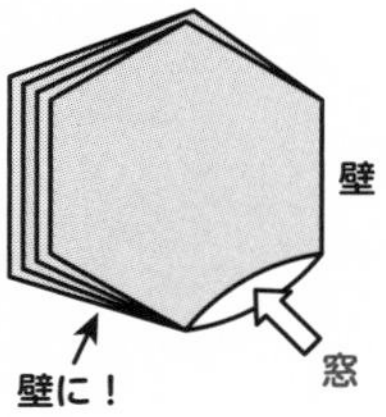

ここまでは、順序は異なっていますが、「窓３つの形」の作り方（の途中の段階）です。つまり、引き続き「窓３つの形」も作れるということです。

そこを引き続きやっていかないで、ここで立ち止まって「穴」の具合を確かめてみます。

折りたたんだのを広げて、“変形マジック”を実行すると、（予定通り）すでに「穴」が１つ貫通しているのが確認できます。

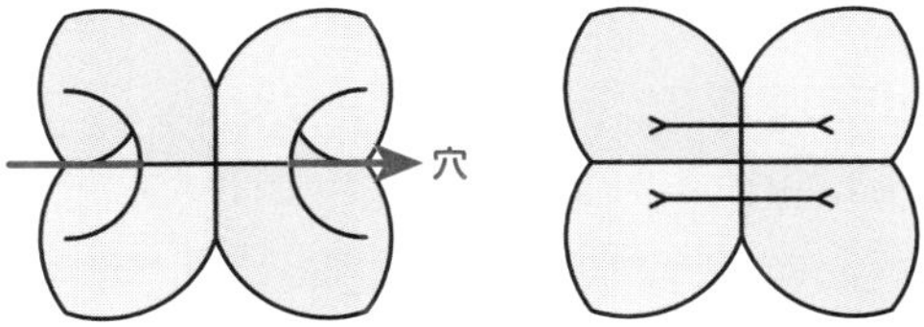

表の状態　　　裏の状態

裏から見ると、まるで正方形４枚と同じような状態です。この正方形４枚の状態から、穴を１つ作るのは簡単なことです。ここで、どう貼り合わせるかによって、穴の向きが変わってきます。一方は「同じ向きの穴」（窓２つの形）となり、他方は「異なる向きの穴」（新たな形）となってくるのです。

完成したら、引きずり出して下図のように形を整えます。つまり、正面に４枚集まった頂点をもってきます。残りの頂点は、やはりこの正面の頂点で串刺しにした所で見つかります。正面とその裏、中面の表と裏、背面の表と裏の計６個です。

（写真p5下）

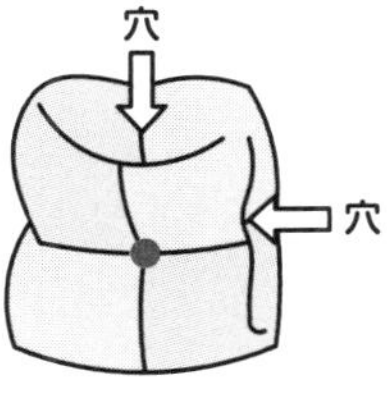

● 正６角形８枚で作ろう

正８角形４枚を用いた「窓４つの形」は、「穴３つの形」になっていましたね。

もっとも「窓４つの形」でなく、単に「穴３つの形」でよいなら、何も正８角形で作る必要はありません。じつは正６角形を用いても、「穴２つの形」だけでなく、「穴３つの形」も「穴４つの形」も、「穴何個の形」だって作れるのです。

さっそく**正６角形**を用いて、今度は**「穴３つの形」**を作ってみましょう。さて頂点に「４枚」集めて「穴３つの形」にするには、正６角形を何枚用いるとよいでしょうか。

6枚では、輪を2つずつ貼り合わせられそうにないな。

8枚なら、輪を2つずつ貼り合わせられると思うわ。

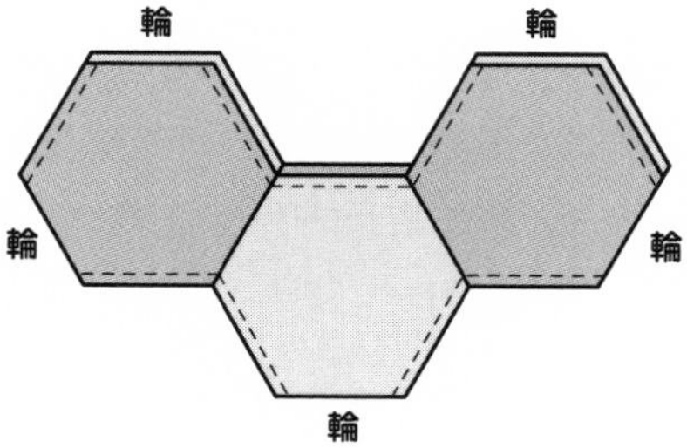

正６角形８枚を用いて、どの頂点にも「４枚」集まるように貼り合わせると、「穴いくつの形」になるでしょうか。

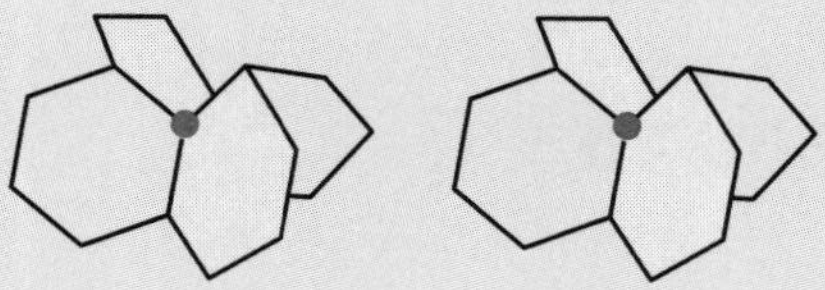

左右の輪を貼り合わせると、穴は同じ向きね。

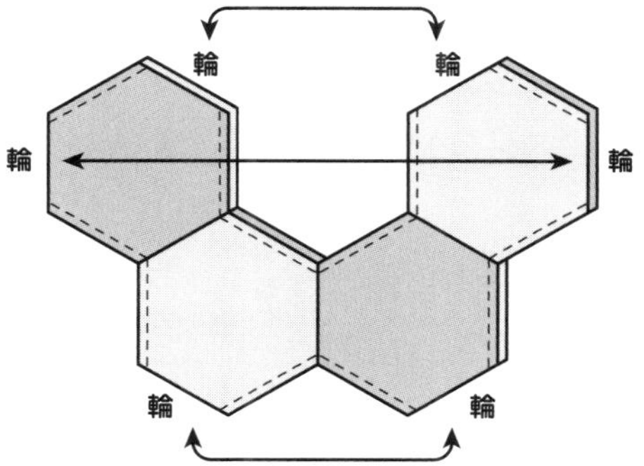

「穴」の向きが異なるものも、作れると思うわ。

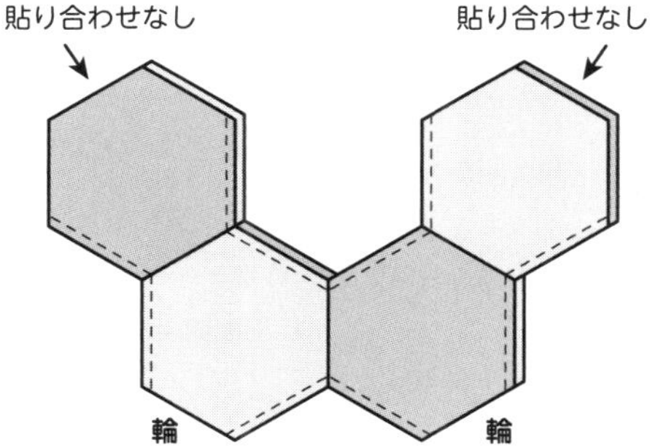

形は異なってきても、いずれも「穴3つの形」になります。

実際に作ってみた方は、正面に4枚集まった頂点をもってきましょう。残りの頂点が、どこにあるのか確認してみるといいですね。

● 枚数を増やすと

正6角形では、まずは各頂点に「3枚」集めてみたわ。

正方形では、「3枚」や「4枚」を集めてみたよ。

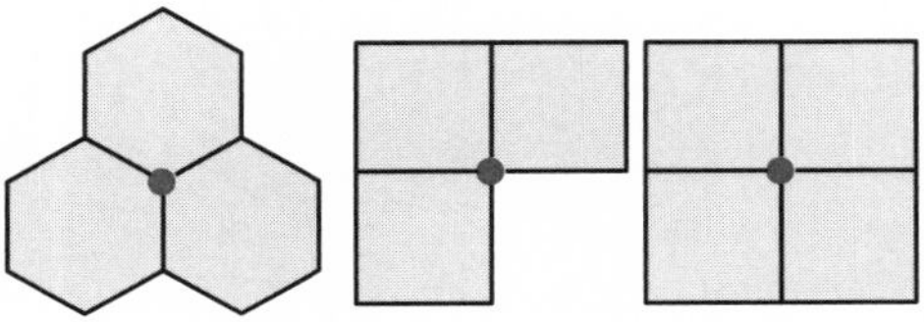

各頂点に、「正６角形なら３枚」、「正方形なら４枚」集めると、枚数を増やしても穴は「１個」（穴１つの形）でしたね。

もっとも枚数を無限にすると、「平面」や「上下に広がった円柱」になってきました。

正6角形は各頂点に「4枚」集めたわ。4枚や8枚でね。

正方形を各頂点に「5枚」集めると、どうなるのかな。

このときは、じつは枚数を増やして、穴の個数を増やせるのです。

たとえば正方形を各頂点に「5枚」集めると、10枚で「穴2つの形」となってきます。（p105参照）

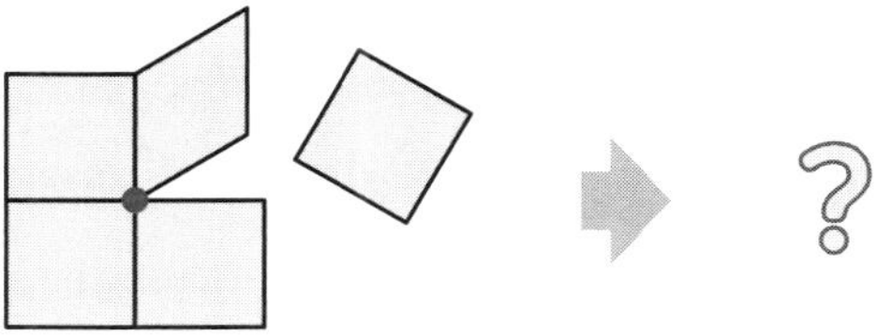

10枚ではなく、枚数を無限にするとどうなるのかな。

もちろん“平ら”な「平面」にはなりませんよね。
これについては、次章で見ていくことにしましょう。

正方形10枚で作る「穴2つの形」

下図は、正方形を用いて、各頂点に「3枚」「4枚」「5枚」を集めたものです。（真ん中の「穴1個」は、4枚で作る必要はありません。また「上下に広がった円柱」も省略しています。）

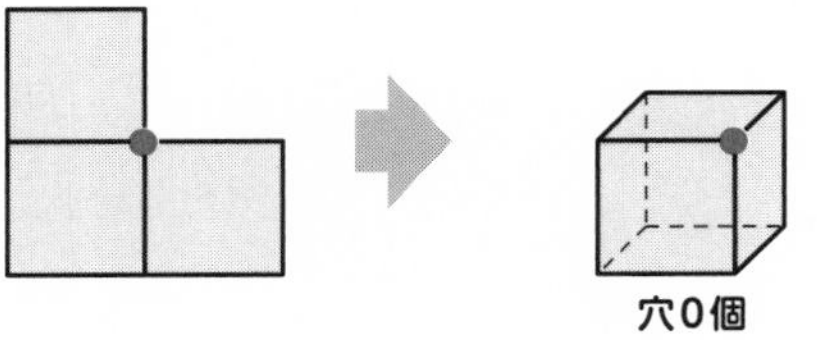

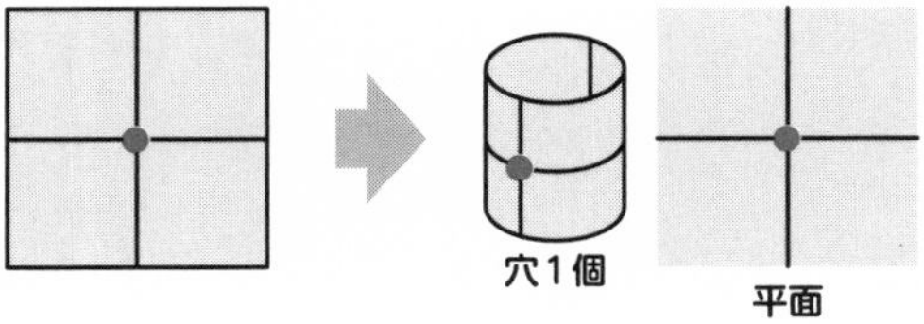

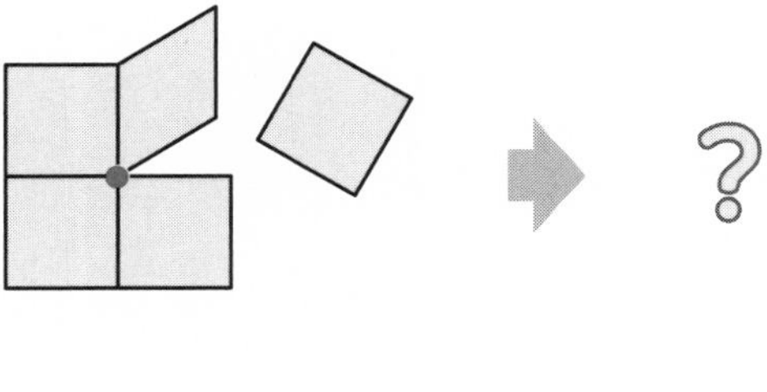

ここで問題です。

頭の中の作業には限界があるので、工作に興味のない方は、ざっと読み通してみるのもいいですね。

正方形10枚を用いて、どの頂点にも「5枚」集まるように貼り合わせましょう。

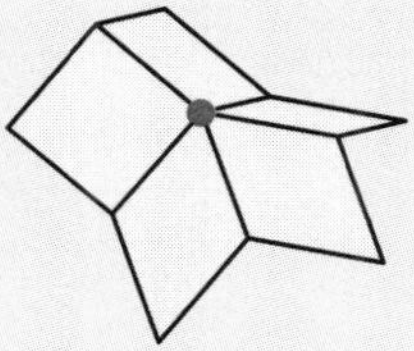

 (p102では)「穴2つの形」になるという話だったよね。

10枚は「5枚の2倍」だからといって、同じものを2組作って貼り合わせばすむほど、簡単ではありません。

それでは、ほとんどの頂点に、「4枚」以下しか集まりませんよね。

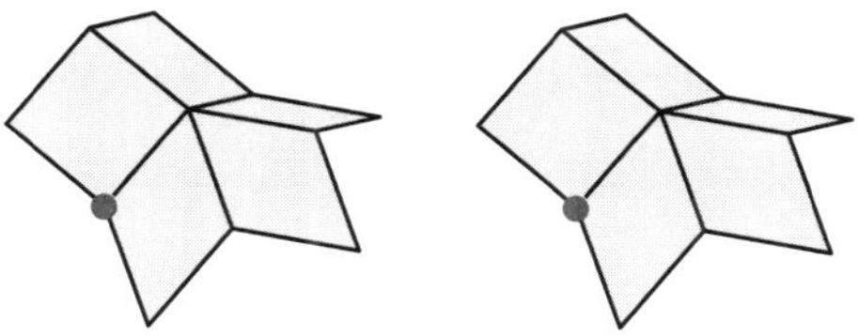

あくまでも例ですが、次のように貼り合わせた段階からスタートしてみます。
図はデフォルメしたもので、実際はどれも正方形です。すでに5枚集まっている頂点（●）もあります。

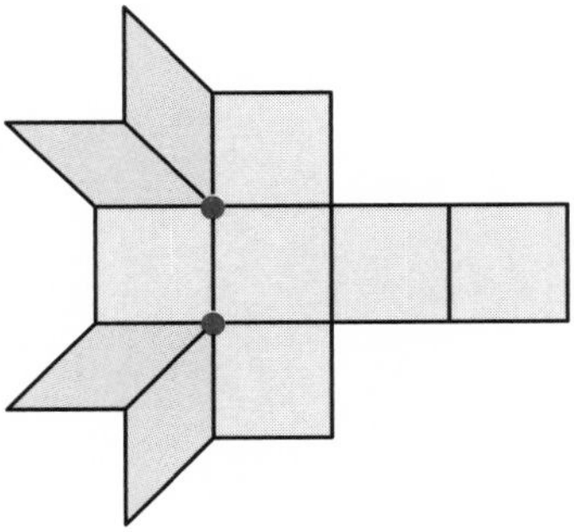

まずは下図のように、位置を整えます。
その上で（3枚集まっている）頂点Aに、（2枚集まっている）頂点Bを（面を曲げて）もっていき、同じ印のついた辺どうしを貼り合わせます。（裏にして貼ると“みばえ”がよいです。）

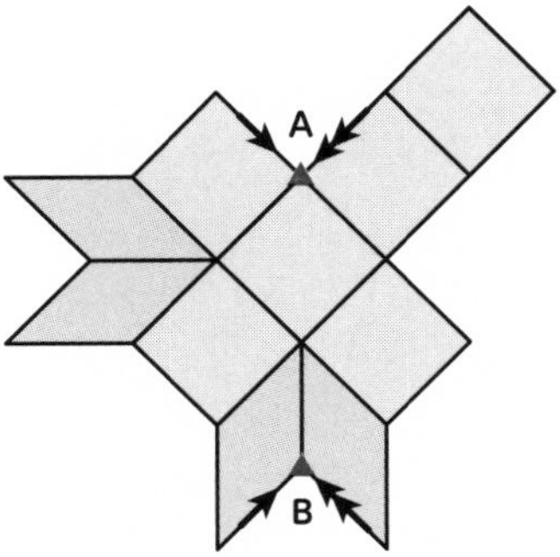

すると、筒形ができてきます。

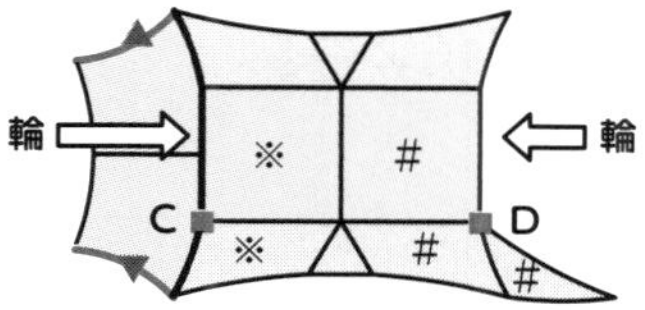

さらに（「※」２枚集まっている）頂点Cに、（「#」３枚集まっている）頂点Dをくっつけて貼り合わせます。

すると真ん中の（水色面の「※」「#」）２枚は穴になります。もっとも、頂点Cと頂点Dをくっつけた方は、穴の出口として完成していますが、もう一方は未完成です。

そこは「同じような状態の出口」となるように、どれをもってくるかを考えて貼り合わせ、穴を完成させます。穴は、これで１個完成です。

この先は、もう１個の穴を作っていきます。

そこで、上図の（矢印のついた水色面の）青い辺どうしを貼り合わせて、“穴の胴体”とします。

さらにこの“穴の胴体”を、先ほどの穴の中をくぐらせて反対側にもっていき、残っている辺と貼り合わせます。うまい具合に、頂点に５枚集められるのです。

完成したら、少しばかり形を整えましょう。まるで亀のような形になりますよ。上の正方形から見ると、「穴」（トンネル）が２つ対角線の上下に貫通しています。（写真p6）

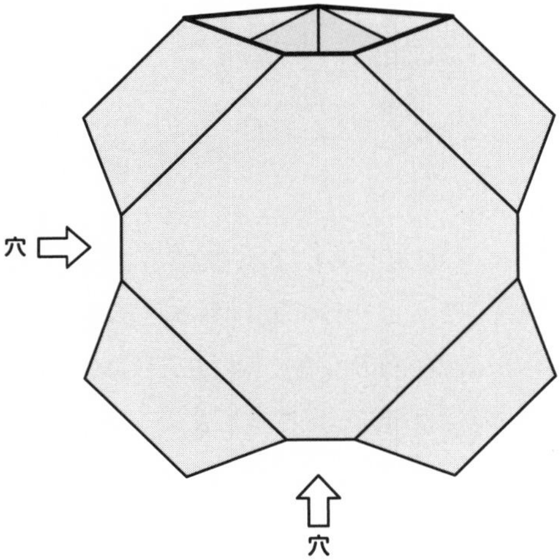
穴
穴

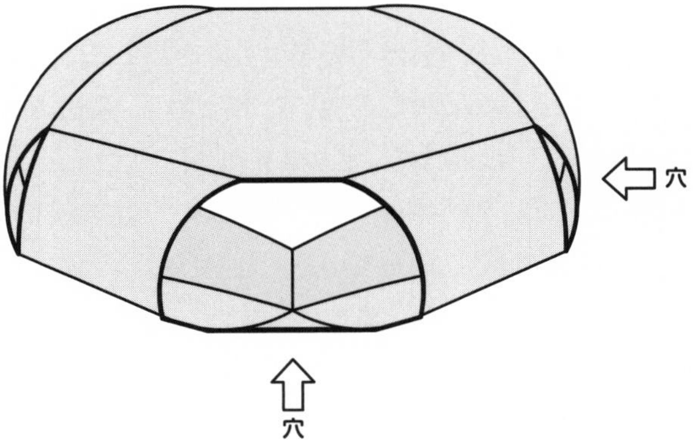
穴
穴

Part 4

「双曲平面」上の「非ユークリッド幾何」

～「球面」「平面」「双曲平面」上をアリが歩くと～

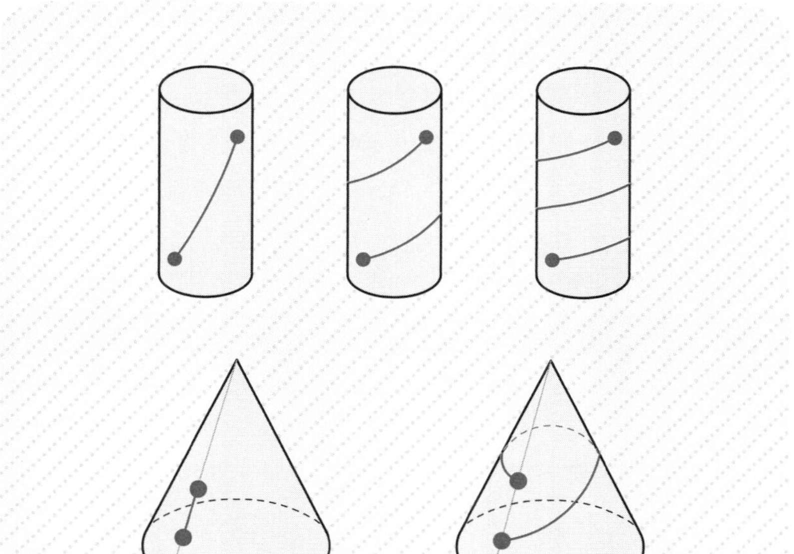

7

「球もどき」が正多面体なら「双曲平面もどき」は？

● 合わせて何度？

枚数を増やしたら、穴の個数が増えていったわ。

枚数を増やしても、穴が1個のときもあったよ。

正３角形や正方形は、話を進めていく上では好都合です。**「正多面体」**も**「平面」**（の一部を曲げたもの）も**「穴のある形」**も作られるからです。

でもじつは、正何角形かはどうでもよいのです。

頂点に集まった角の合計が、360°に足りないか（とがる）、ちょうどか（平ら）、超えるか（だぶつく）だけが問題なのです。

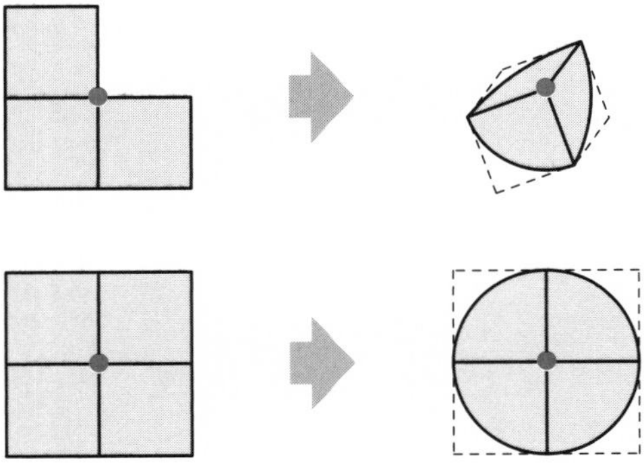

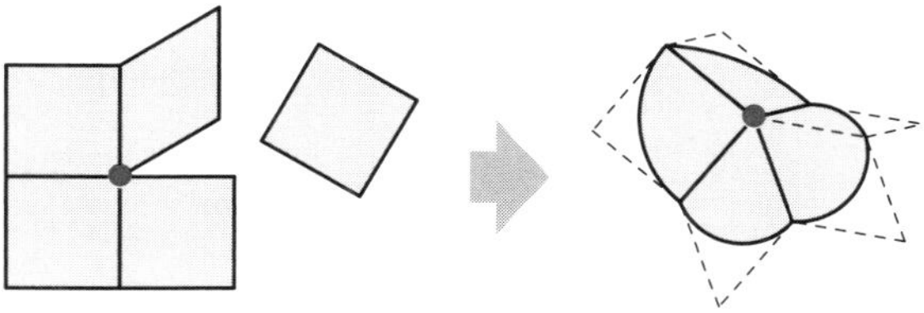

 上図の「5枚」集める場合で、枚数が無限だと……？

　このまま正方形で話を進めてもよいのですが、枚数が無限となると、（いくら途中まででも）「5枚」も貼り合わせるのは面倒です。

　そこで正方形ではなく、正5角形で見ていくことにしましょう。正5角形なら、頂点に「4枚」集めれば、合わせて360°を超えるのです。

　もし作ってみるなら、**正5角形の型紙**が必要ですね。

　p42の型紙を作られた方は、それを再利用するといいですね。まだという方は、割り箸の袋で正5角形を折る要領で作ってみてください。

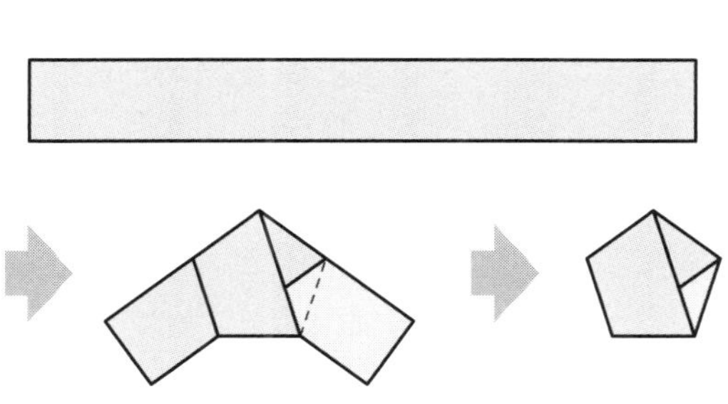

貼り合わせていく際に、長かったら切ればよいので、正確な正５角形でなくても大丈夫です。

ただし、本物の割り箸の袋で作ったのでは小さすぎます。

チラシから幅6cm、長さ25cm程の長方形を切り取り、それを半分に折り曲げて代用しましょう。つまりは、幅3cm、長さ25cm程の（重ねたことで厚みのある）帯から作るのです。

●「双曲平面もどき」

正５角形を、どの頂点にも「４枚」集めながら無限に貼り合わせていくと、どうなってくるでしょうか。

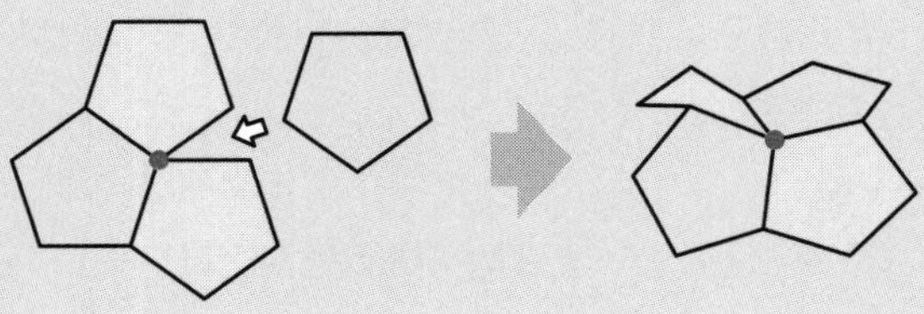

頂点で“だぶつく”のだから、まあ見当がつくわね。

切り開いたフレアースカートを縫い合わせたような。

もし実際に作ってみるなら、１つの正５角形から始めて、その周りの頂点に「４枚」集まるように貼り合わせていきましょう。

枚数に制限はないので、適当なところで止めます。

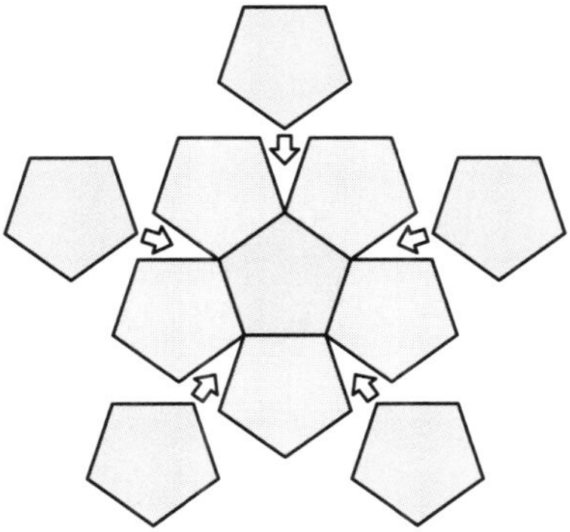

ちなみに最初の正５角形が、何か特別というわけではありません。どの正５角形から周りを見ても、同じような景色となっています。

その景色は……、遠くに行くにつれて「波うった形」というものです。（写真p7）

ちなみに正５角形の頂点に「４枚」集めても、「5枚」集めても、それ以上集めても、同じように「波うった形」となってきます。

もちろん正５角形である必要はありません。たとえば正３角形を「7枚」集めても、「8枚」集めても、同じく「波うった形」となってきます。

正何角形であろうと、頂点に集まった角の合計が360°を超えると、（だぶついて）「波うった形」となってくるのです。

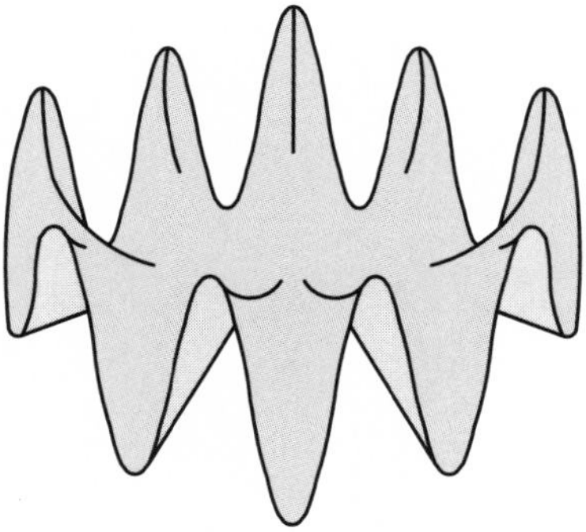

何だかつまらない形だな、と思っていませんか。

とんでもありません。これこそが、**非ユークリッド幾何**の舞台となる**双曲平面**に近い「**双曲平面もどき**」です。ただし、正多面体を「**球もどき**」とみなすレベルの話ですが……。

●「円もどき」「球もどき」

円周率は、「3.14」でなくて「3」でいいよ。

円と正6角形の周りが、同じ長さというのも……。

でも、正6角形を「円もどき」とみなせる能力は、大事ですよね。

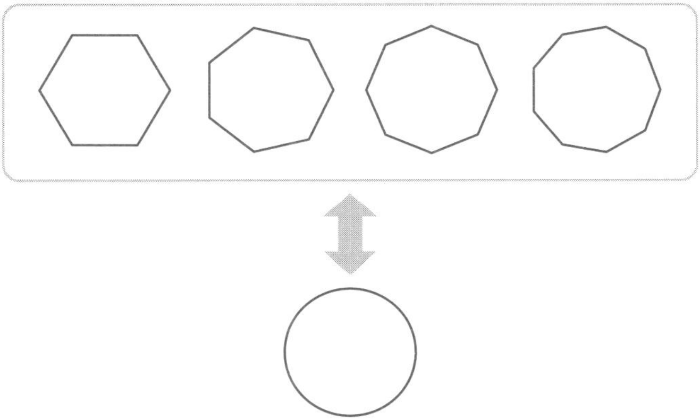

正多角形は、角が多くなると円とあまり区別がつきません。でも、やはり円とはちがいます。

もしアリが正多角形の辺上を歩いていたら、「角」に来るたびに、どうも直前までと様子がちがうなと感じるはずです。

その角がなくなり、どこも同じ状態になったものが円です。角がある正多角形は、どこまでいっても「円」ではなく、「**円もどき**」です。

正多角形が「円もどき」なら、正多面体は「**球もどき**」です。

でも、「正多面体と球」は、「正多角形と円」とは少々ちがいますよね。

正多面体は、面が多くなると球とあまり区別がつかない、というわけにはいきません。そもそも正多面体は、5種類しか存在しないのです。

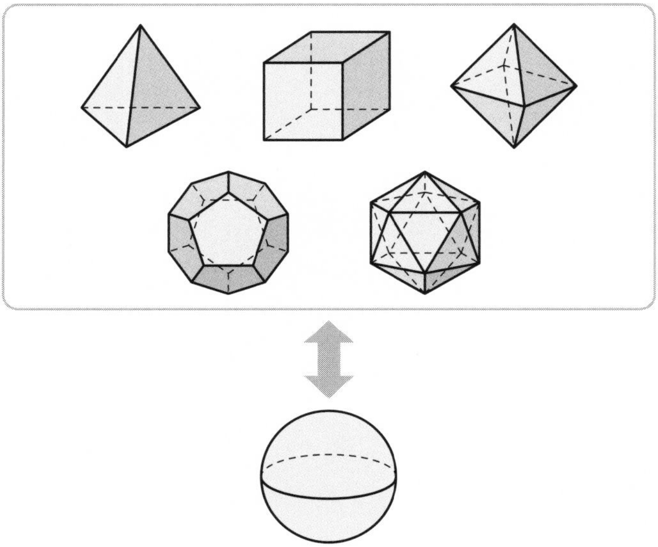

もしアリが正多面体の面上を歩いていたら、「辺」や「角」に来るたびに、どうも直前までと様子がちがうなと感じるはずです。

正多面体に空気を入れてふくらませ、どこも同じ状態になったものが球です。辺や角で、周りと景色が異なる「正多面体」は、あくまでも「球もどき」です。

それでは、いよいよ「**双曲平面もどき**」です。

正多面体とちがって、「双曲平面もどき」はいくらでも作ることができます。面は正5角形である必要はなく、各頂点に集める枚数も、角の合計が360°を超えればよいからです。

もしアリが「双曲平面もどき」の上を歩いていたら、「角」に来るたびに、どうも直前までと様子がちがうなと感じるはずです。この角をなくして、どこも同じ状態にしたものが「双曲平面」……。

はてさて、いったいどんなものだというのでしょうか。

「円もどき」「球もどき」をどこも同じ状態にしたものが、「円」「球」というのは納得です。この目で見たことがあるからです。でも「双曲平面もどき」をどこも同じ状態にしたものが「**双曲平面**」といわれても……。

非ユークリッド幾何の舞台は、ラッパの形の擬球《ぎきゅう》だよ。

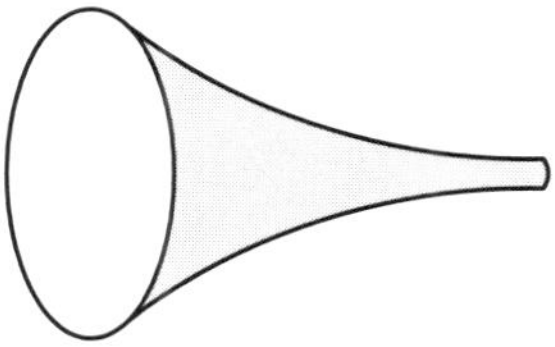

確かにアリにとって、（局所的な）足下の様子は、擬球上と変わりません。それは、馬の鞍《くら》の上に乗っているようなものです。

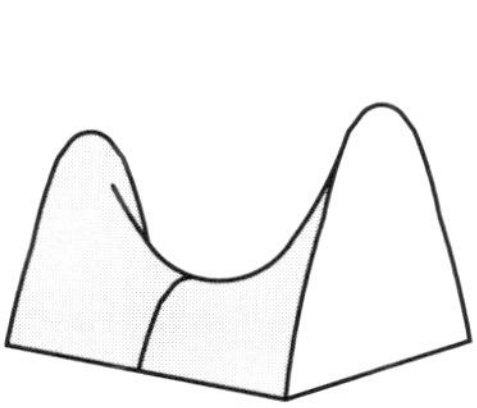

でも擬球は、決して（非ユークリッド幾何の舞台である）双曲平面の全体像ではないのです。

擬球では、アリがラッパの縁にたどり着いたとたん、ハッキリと様子がちがうと感じてしまいます。

双曲平面の全体像は、先ほど作った「双曲平面もどき」に近いものです。ただしアリの足下は、（紙の正５角形のように）“平ら”ではなく、擬球や鞍の上のように“曲がって”いるのです。そんな曲がった状態が、無限にどこまでも広がっているのです。双曲平面上をアリが歩き回っても、（平面上や球面上と同じように）直前までと様子が変わることはありません。

百聞は一見にしかず。「双曲平面」を見せてくれ！

残念ながら、お見せすることはできません。

ヒルベルトという偉い数学者が、（3次元のまっすぐな）ユークリッド空間の中に、「双曲平面」を実現することは不可能だ、と証明してしまったのです。

この宇宙空間の全体像がどんな形なのかは、物理学者が研究中です。（まっすぐな）ユークリッド空間ではなく、曲がっている可能性が高いようです。

でも私たちが観測できる範囲内では、（まっすぐな）ユークリッド空間なのです。このことを空間ではなく曲面でたとえるなら、（地球という）球面上に住んでいながら、平面だと信じているようなものです。

結局のところ、双曲平面の全体像を見ることはできないのです。そもそも球面のように目にしていたら、非ユークリッド幾何はすぐにも発見されていたことでしょう。

● 2点を通る「直線」

ユークリッド幾何といったら、どんなことを思いうかべますか。

 1辺とその両端の角が等しい3角形は、合同だよ。

 2辺とその間の角が等しい3角形も、合同よね。

高校では、1辺とその両端の角から残りの辺の長さを求めたり、2辺とその間の角から残りの辺の長さを求めたりします。その際には、四則演算だけでなく、円を出自とする**三角関数**（**円関数**）「sin」（サイン）、「cos」（コサイン）も用います。

$$\frac{a}{\sin A} = \frac{b}{\sin B} = \frac{c}{\sin C}$$ **〔正弦定理〕**

$$c^2 = a^2 + b^2 - 2ab\cos C$$ **〔余弦定理〕**

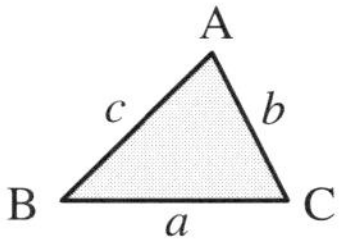

C=90°のときは、$\cos C = 0$　から次の通りです。

$$c^2 = a^2 + b^2$$ **〔ピタゴラスの定理〕**

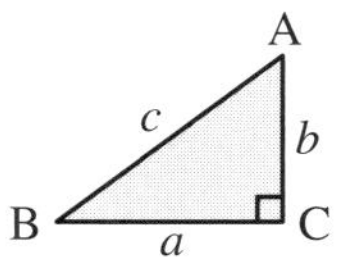

幾何を論じる上で、「長さ」や「角の大きさ」は大事なものです。でもその前に、3角形を形作る「**直線**」が問題となります。

その「直線」ですが、**円柱**や**円すい**の上に描いてみたことはありますか。

円柱や円すいに描いたら、「直線」でなく「曲線」よ。

円柱も円すいも、切り広げれば“平ら”です。その“平ら”な平面に直線を引いて、元にもどせばよいだけです。もどしたら直線が曲がって見えたところで、本質的には何も変化していません。つまり円柱や円すいの上でも、（広げて）平面上と同じ幾何がやれるということです。

もっとも、少しばかり問題も生じてきます。

たとえば「**円すい**」で、下図の2点A、Bを通る直線はどうでしょうか。結んだら、頂点を通る場合です。

このとき直線上を進んでいるアリにすれば、頂点にたどり着いた途端、どちらへ向かうべきか迷ってしまいます。“この1本”という決め手が、特に見あたらないのです。

「直線」の段階で、早くも面倒な話となってきそうですね。

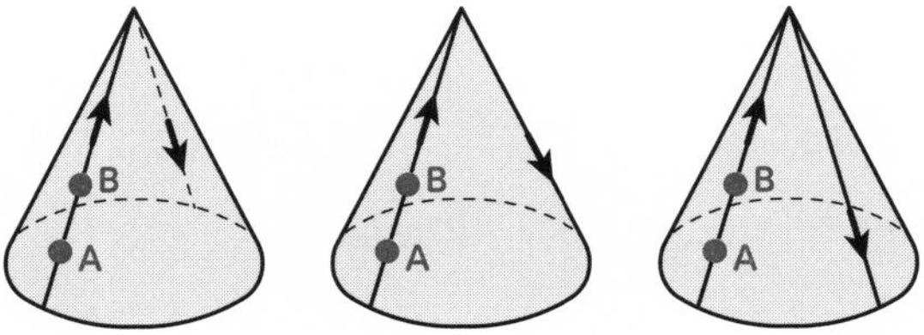

それなら、そんな特異的な点が存在しない「**円柱**」上なら、何も問題が生じないのでしょうか。ただし下図に描かれているのは通常の「円柱」ですが、これは縁のない「上下に広がった円柱」とします。

円柱上の2点A、Bを通る直線は、何本引けるでしょうか。

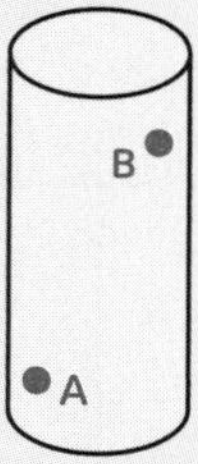

広げて直線を引いて、元にもどしても「1本」だよ。

元にもどしたら「2本」になっていたら、マジックね。

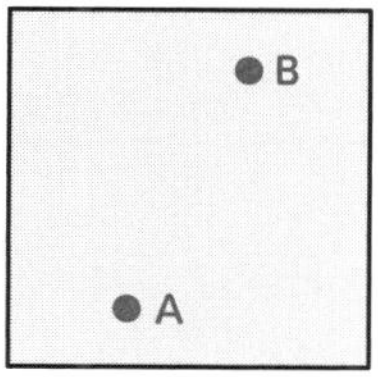

じつは直線は……、「2本」どころか「無数」に引けるのです。もちろんマジックでも何でもありません。そもそも広げて平面

に描く段階で、直線は何本でも引けるのです。

ためしに「3本」引いてみましょう。

もし実際に引いてみたいなら、紙（チラシの裏）とトレーシングペーパー（透けて見える紙）を用意しましょう。（100均で入手できます。）ついでに、3色ボールペンもあるといいですね。

まずは、マジックのタネの準備です。円柱2個分のトレーシングペーパーに、1個分ごとに点A、Bを写し取っておきます。

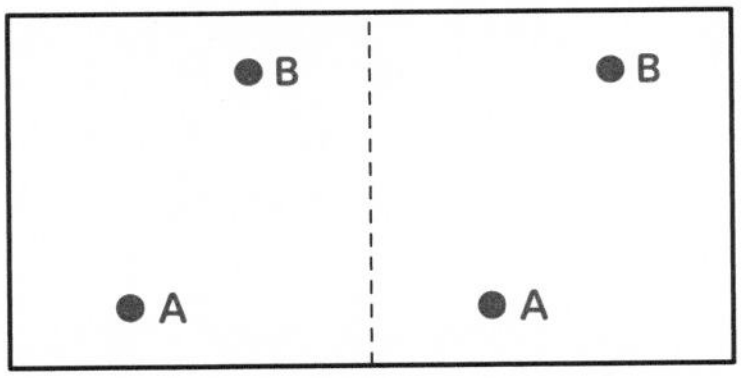

これを、切り広げた円柱の横に貼りつけます。

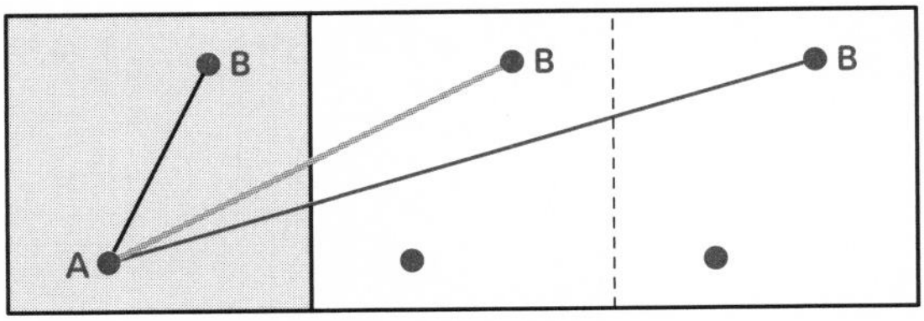

この上に、直線ABを「3本」引くのです。

これを元にもどして円柱にしますが、トレーシングペーパーの部分は、その円柱の上に巻きつけます。

すると、あらあら不思議議あら不思議……ということもなく、「3本」の直線は「3本」のまま、円柱上に描かれます。

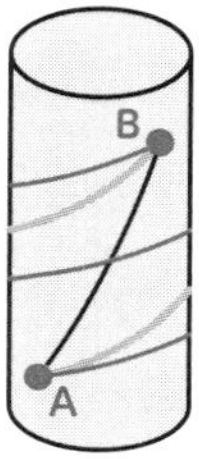

結局のところ、**円柱**上では2点を通る直線は「1本」ではないのです。平面上の幾何とは、ずいぶん様子が異なりますね。

せっかくですがこの先は、（大局的な）直線ではなく、（局所的な）線分を見ていきましょう。つまり、2点間の距離が一番短い線分を見ていくのです。

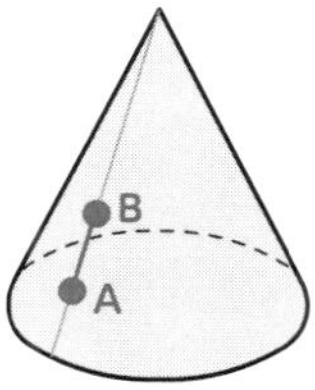

そもそも**円すい**上でも、2点A、Bを通る直線は「1本」ではありません。上図の他にも、たとえば次ページの図のように、頂点を通らない直線も引けるのです。

でも幾何をやるときは、これまで通り、線分ABは上図のような短い方とするのです。

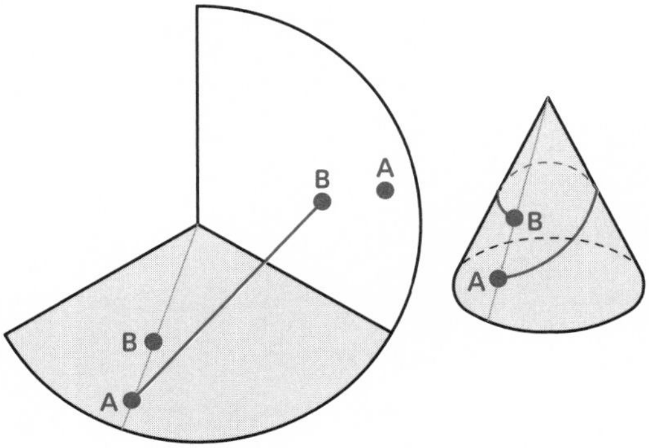

● 平坦トーラス

幾何といったら、「長さ」や「角の大きさ」を問題にします。「究極のゴム」でできていたら、伸び縮みして、そんなことを論じること自体が無意味ですね。（こちらは**トポロジー**という別の分野になります。）

第２章では、正方形４枚を貼り合わせた円筒形の表面、つまり円筒形の内側と外側がつながった立体を見てきました。これを「究極のゴム」で作ったものが**トーラス**です。

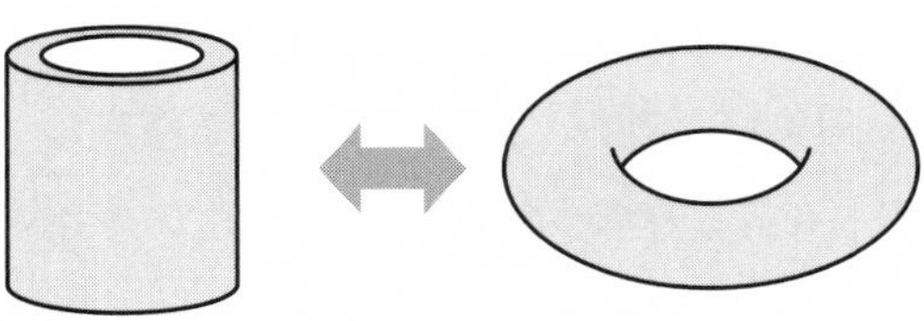

もちろんゴムで作ったトーラス上では、（「長さ」や「角の大きさ」を問題にする）幾何はやりません。

ところで、1つの頂点に正方形を4枚集めた段階で、1枚の（大きな）正方形になっています。つまり円筒形の表面を作る分には、正方形は1枚で十分です。

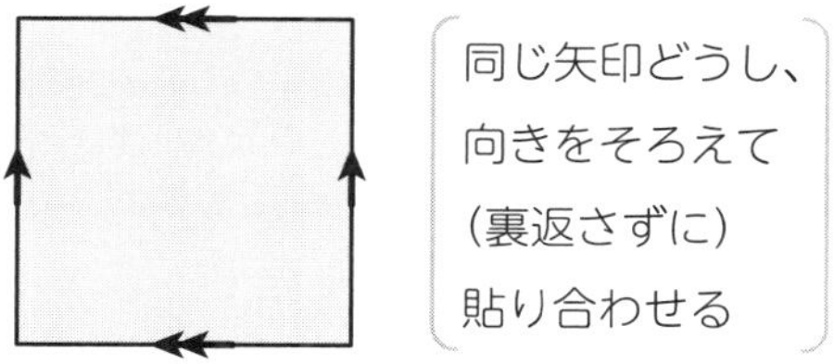

上図の指示通りにできる数学的創造物を、（ゴムで作ったトーラスと区別して）**平坦トーラス**と呼ぶこともあります。

指示に用いた矢印ですが、組になった2つは、同じ向きか、逆向きかだけを問題にします。どちらから貼り合わせていっても、できあがりは同じなのです。

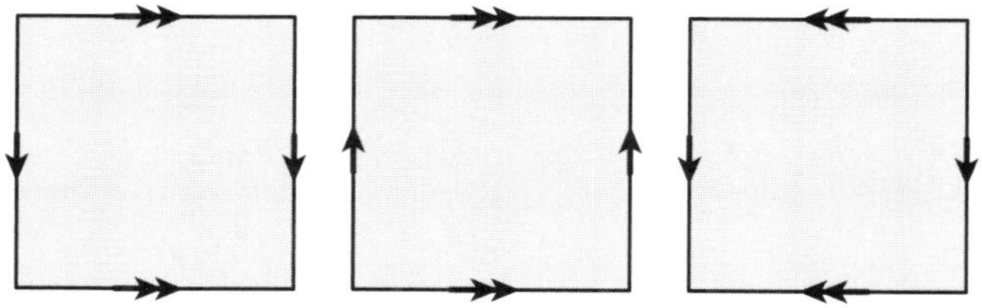

平坦トーラスでは、辺と辺のつなぎ目は、周りと同じく“平ら”です。4つの頂点が合わさった箇所も、90°×4 = 360°なので、やはり周りと何ら変わりません。

平坦トーラスは、局所的には平面と同じです。円柱や円すいと同じく、広げれば“平ら”なのです。

そもそも“平ら”な正方形を貼り合わせたもので、つなぎ目の辺や角でも“平ら”になっているのです。もし平坦トーラス上で幾何をやりたいなら、広げて“平ら”な正方形でやればよいのです。

このことを、「平坦トーラスにはユークリッド幾何が入る」、「平坦トーラスは（局所）ユークリッド幾何構造をもつ」などといいます。

ユークリッド幾何が入るものなら、まだ他にもあります。
たとえば、次のようにしてできる**クラインの壺《つぼ》**です。

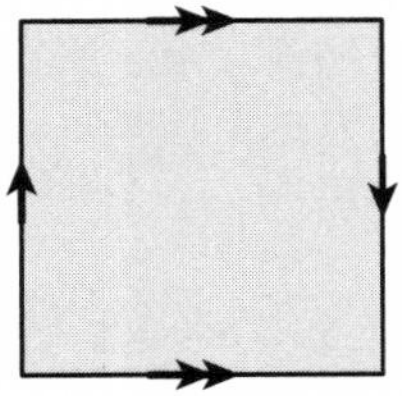

同じ矢印どうし、
向きをそろえて
（逆向きは裏返して）
貼り合わせる

そんなもの……、絶対に誰も作れないわよ！

（3次元）ユークリッド空間では無理でも、数学的創造物として（高次元で）存在するのです。

もともと“平ら”なものを貼り合わせたもので、つなぎ目の辺や角でも問題が生じないのです。このことから、クラインの壺にはユークリッド幾何が入るのです。

ただし、これまでとちがって**向きづけ可能**ではありません。

私たちが目にできる向きづけ可能でない例に、**メビウスの帯**があります。そのまま貼り合わせると「輪」になるところを、ひねって裏返してから貼り合わせたものです。

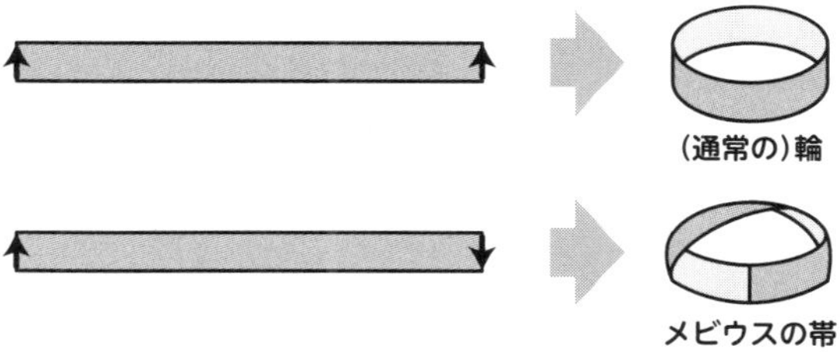

● 球面幾何の直線

球面には、ユークリッド幾何は入りません。

“平ら”なものから球面を作ることも、逆に球面を切り広げて“平ら”にすることもできないのです。このことは、数学の王者**ガウス**によって証明されました。この際にガウスが創出したのが、**曲率**という概念です。ちなみに「**球面**の曲率は**正**」「**平面**の曲率は**0**」「**双曲平面**の曲率は**負**」となっています。

曲率「正」
(正×正＝正)

曲率「0」
(正×0＝0)

曲率「負」
(正×負＝負)

非ユークリッド幾何は、ユークリッドでない幾何？

非ユークリッド幾何といったら、双曲平面上の**双曲幾何**のことです。球面上の**球面幾何**も、ユークリッド幾何ではありませんが、（通常は）非ユークリッド幾何とはいいません。

それにしても、なぜ身近な球面に着目しなかったのでしょうか。

球面上で幾何をやろうとすると、いきなり「**直線**」でつまずくのです。切り広げて“平ら”にできないとなると、どうやって直線を引けばよいのでしょうか。

そもそも「直線」と「曲線」のちがいは何なの。

たとえば（平面上の）カーブを走っていると、これは直線でないと分かりますよね。遠心力を感じるからです。数学でこのことを表現しようとすると、どうしても「微分」が関わってきます。

そこのところを省略して結論だけいうと、球面上での直線は、**大円**（中心が球と同じ円）です。大円上なら、アリは平面上での直線と同じような感覚で（バランスよく）進んでいけるのです。

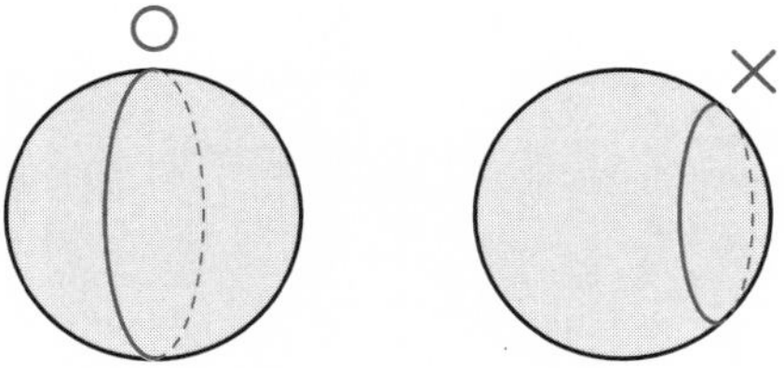

問題は、2点を通る直線の決め方です。もし2点が球の対極にあると、直線（大円）は無数にあって、しかも距離も同じです。これでは1本に定まりません。

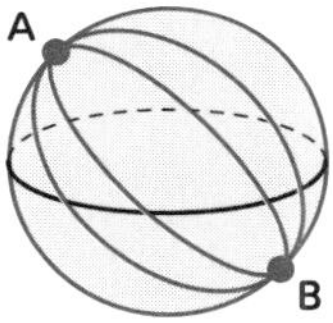

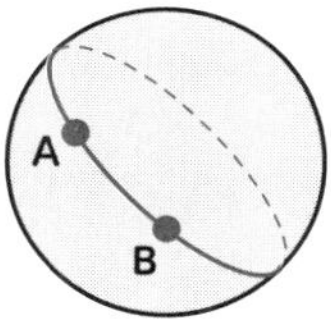

でも局所的に幾何をやる分には、点A、Bはあまり離れていないとするのです。このときは、線分ABは距離が一番短いものと決められます。（球面上とはかぎらない一般の場合は、最短距離の存在自体が問題となるため、少し面倒な決め方となってきます。）

球面幾何では、2直線は必ず交わります。**平行**な2直線は存在しません。

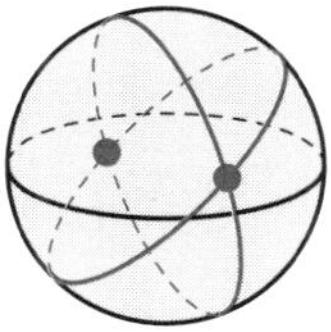

● 平行な2直線

平行が話題になったところで、「平面」にもどりましょう。（平面上に）平行な2直線を描いてみます。ただし「三角定規」は用いません。歴史的には、**作図**といったら（目盛りのない）「**定**

木」と「コンパス」だけを用いるものでした。

定木とコンパスを用いて、次の作図をしてみましょう。
(1)　円の接線　　　　　　　(2)　平行な２直線

(1) 適当に描いて、線の太さでごまかすというのは論外ですよ。「円の接線は半径に垂直」ということから作図します。

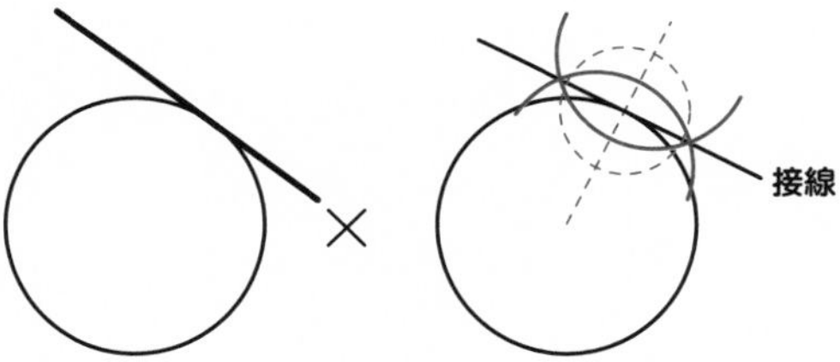

(2) 定木の幅を利用して、定木の「上」と「下」をなぞるというのは論外ですよ。補助線を１本引いた上で、これに垂直な直線を２本作図します。

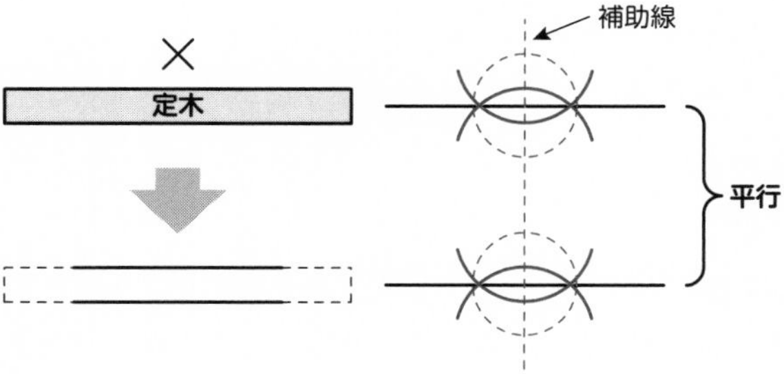

それでは（はるか遠方に交点が現れるような）「平行でない2直線」は、どうやって作図したらよいのでしょうか。

あらかじめ「平行な2直線」を作図して、その2直線を（片方でも両方でも）同じ内側（外側）に少々傾ければ万全ですね。

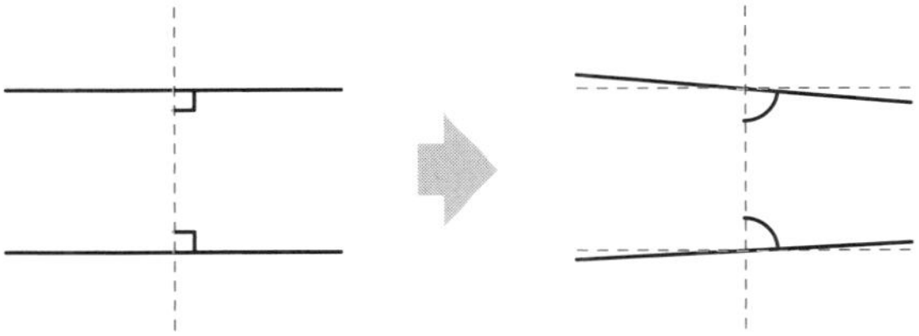

ユークリッド**『原論』**の**第5公準**は、次のようなものです。

『原論』の第5公準

1つの直線が2つの直線と交わり、その片側の2つの内角の和が2直角よりも小さいときは、その2直線を延長すると、内角の和が2直角よりも小さい側で交わる。

第5公準では、先ほどの補助線が「1つの直線」となり、目的とする2直線が「2つの直線」となっていますね。

この第5公準は、次の公理に置きかえられることから、**平行線公理**とも呼ばれています。一般には、この平行線公理の方が有名ですね。

平行線公理

平面上に点とそれを通らない直線があるとき、この点を通りその直線に平行な直線が、ちょうど１本だけ存在する。

球面上なら、そもそも平行な2直線は存在しないわ。

● ３角形の内角の和

数学のよさを、次のように豪語される方がおられます。

「3角形の内角の和は180°」であるように、
“数学の定理”は未来永劫変わることがない。

何事も、前提なしで成り立つはずはありませんよね。この場合の前提は、あくまでも“平面上”に描かれた３角形というものです。つまりは、平行線公理をみたす「ユークリッド幾何」です。

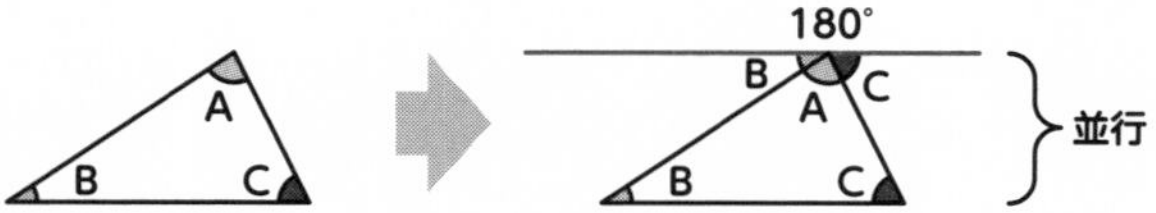

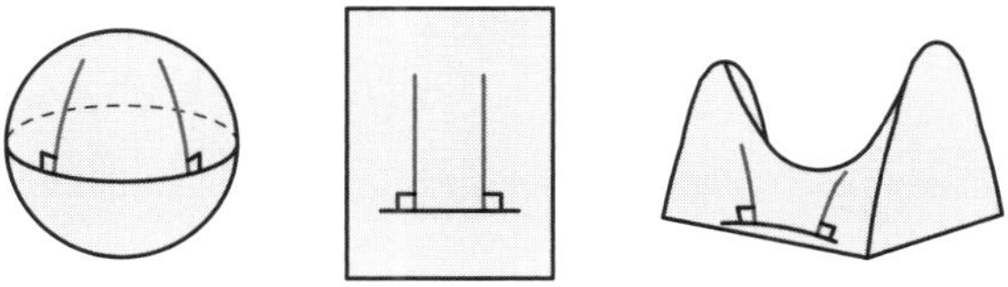

もし“球面上”なら、平行な２直線は存在しません。平行線公理は成り立っていないのです。

このため、平行線公理を用いたこの“数学の定理”も成り立ちません。球面上では、「３角形の内角の和は180°」ではないのです。

ちなみに（大円のような）２曲線の交点での**角**は、その交点での「接線のなす角」としています。

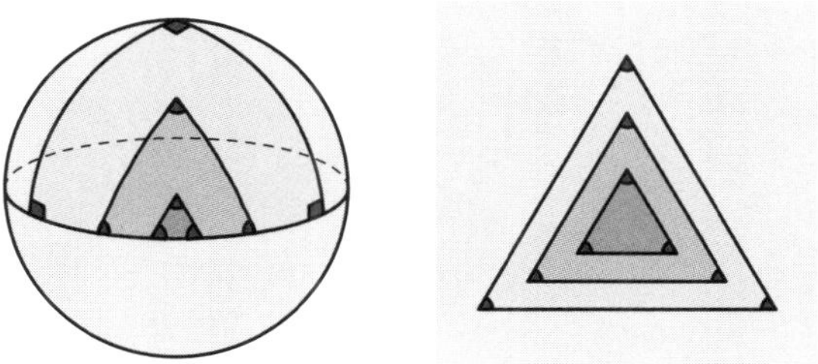

左側の小さな3角形の内角の和は、ほぼ180°ね。

大きな3角形の内角の和は、90°×3＝270°だよ。

球面上の「3角形の内角の和」は、じつは大きさによって変わります。3角形が大きいほど、内角の和も大きくなるのです。

それでは、このことを見ていきましょう。

半径 r の球面上の3角形ABCの面積を S とします。
(1)(2)の順に「A+B+C」を求めていきましょう。
ちなみに球の表面積は「$4\pi r^2$」です。

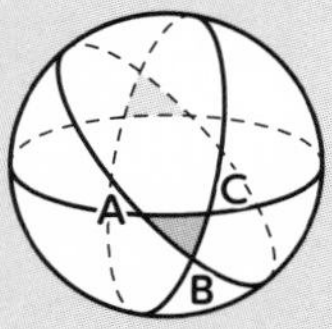

(1) 下図の(灰色や青で)影をつけた部分ⓐⓑⓒの面積を、それぞれ求めましょう。

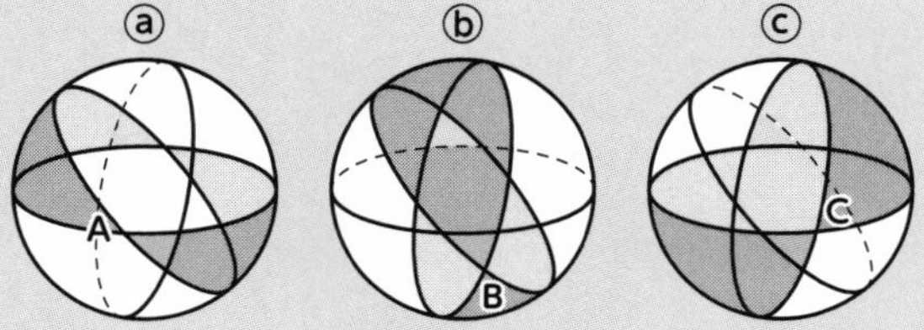

(2)(ⓐ+ⓑ+ⓒから)「A+B+C」を求めましょう。

(1) ⓐは、球の表面積 $4\pi r^2$ の $\frac{A}{360^\circ}$ の **2** つ分です。

$$ⓐ \quad 4\pi r^2 \times \frac{A}{360^\circ} \times \mathbf{2} = 4\pi r^2 \times \frac{A}{180^\circ}$$

他も同じで、次のようになっています。

$$ⓑ\quad 4\pi r^2 \times \frac{B}{180^\circ} \quad , \quad ⓒ\quad 4\pi r^2 \times \frac{C}{180^\circ}$$

(2) ⓐ ⓑ ⓒを合わせると、重なる部分が出てきて、球の表面積より大きくなります。（前後の）青い **2** つの 3 角形は 3 回重なり、表面積より **2** 回分オーバーしているのです。つまり、重なって表面積をオーバーしているのは、3 角形 ABC の面積の **2** × **2** ＝ **4** 倍です。

$$ⓐ+ⓑ+ⓒ \quad = \text{（球の表面積）} + \mathbf{4} \times \triangle \mathrm{ABC}$$

$$4\pi r^2 \times \frac{A + B + C}{180^\circ} = 4\pi r^2 + 4S$$

$$\frac{A + B + C}{180^\circ} = 1 + \frac{S}{\pi r^2} \quad \text{（両辺を}4\pi r^2\text{で割る）}$$

$$A + B + C \quad = \quad 180^\circ + \frac{180^\circ}{\pi r^2} \cdot S$$

球面上の「3 角形の**内角の和**」（$A + B + C$）は、いつでも 180° より大きいですね。ちなみに地球のように半径 r が大きいときは、よほど巨大な 3 角形は別として、「$+\dfrac{180^\circ}{\pi r^2} \cdot S$」は無視できるほど小さいため、「$A + B + C \fallingdotseq 180^\circ$」となっています。

弧度法

このことを、今度は**弧度法**を用いて表してみましょう。

弧度法というのは、（平面上に描いた）半径１（直径**2**）の円弧の「長さ」を用いて、「角の大きさ」を表す方法です。

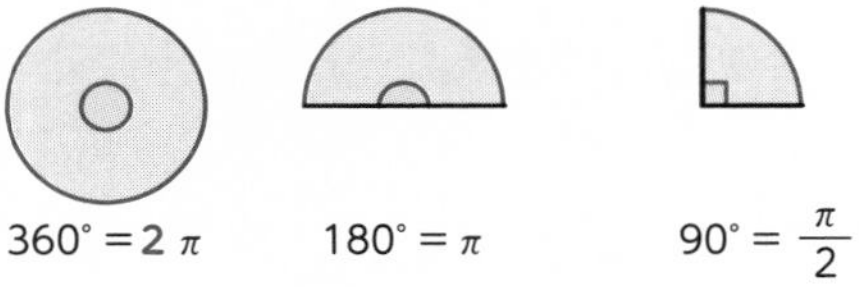

π は円周率で「約3.14」だよね。でもなぜ角に？

そもそも「1回転」を「360°」にする理由はないよ。

弧度法を用いることで、「角の大きさ」も「長さ」に統一されるのです。$y = \sin x$ のグラフにしても、（これまで角度は横軸に適当に目盛っていたのが）やっと誰が描いても同一となったのです。

グラフを描く際には、まず y 軸に「1」を目盛り、x 軸にはその「3」倍の長さのところに、180° の「π」を目盛ります。（手書きでは）「π ≒ 3.14」ではなく（ひそかに）「π ≒ 3」としています。

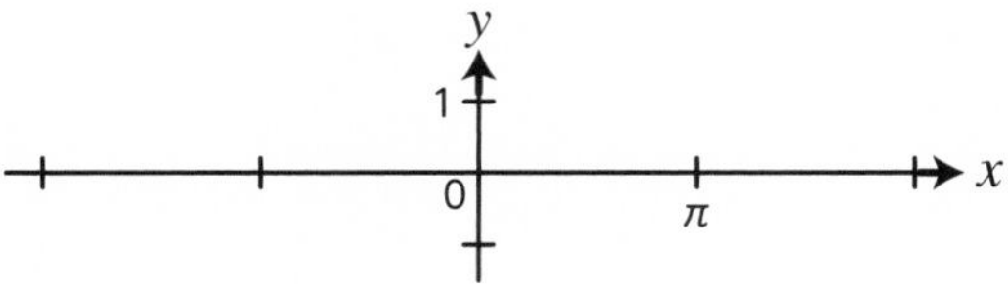

この先、x が小さいときは「$\sin x \fallingdotseq x$」といったことを用います。これは微分法によるものですが、微分して求まるのは「接線の傾き」です。

弧度法を用いることで、やっとグラフが確定し、接線の傾きが論じられるようになったのです。

この弧度法を用いると、p135の「内角の和」は（「$180° = \pi$」より）次のようになります。

$$A + B + C = \pi + \frac{1}{r^2} \cdot S$$

上の式で、$\frac{1}{r^2}$（正）は半径 r の**球の曲率**です。地球のように半径 r が大きいときは、曲率 $\frac{1}{r^2}$ は0に近い値です。このため、ほぼ曲率0の平面とみなしているのです。

ちなみに「**球の半径を1**」とすると、**曲率** $\frac{1}{r^2}$ は**1**となり、「$A + B + C = \pi + S$」となります。

この式から「$S = (A + B + C) - \pi$」と出てきますね。

球面上の3角形の面積 S は、内角の和だけで決まるのです。

● 球面幾何

球面幾何では、（通常は）**「球の半径を1」**としています。

まず先ほど見たように、S を3角形ABCの面積とすると、次が成り立っています。

$$A + B + C = \pi + S$$ 〔内角の和〕

$$S = (A + B + C) - \pi$$ 〔3角形の面積〕

球面幾何でも、じつは正弦定理や余弦定理の類似が成り立っています。

$$\frac{\sin a}{\sin A} = \frac{\sin b}{\sin B} = \frac{\sin c}{\sin C}$$ 〔球面正弦定理〕

$$\cos c = \cos a \cos b + \sin a \sin b \cos C$$ 〔球面余弦定理〕

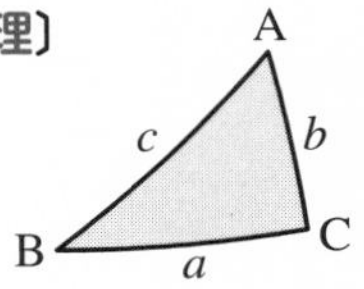

$C = \dfrac{\pi}{2}$ のときは、$\cos C = 0$　から次の通りです。

$$\cos c = \cos a \cos b$$ 〔球面ピタゴラスの定理〕

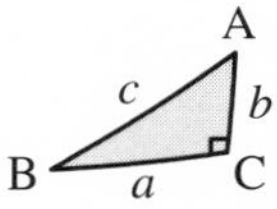

微分法によると、$\sin x$、$\cos x$ の**べき級数**展開は、次の通りです。

$$\boxed{\sin x = x} - \frac{x^3}{3!} + \frac{x^5}{5!} - \frac{x^7}{7!} + \cdots\cdots \quad (-\infty < x < \infty)$$

$$\boxed{\cos x = 1 - \frac{x^2}{2!}} + \frac{x^4}{4!} - \frac{x^6}{6!} + \cdots\cdots \quad (-\infty < x < \infty)$$

3角形ABCが小さいと、辺の長さ a、b、c は小さくなり、(何乗かするとさらに小さくなって) 次のように近似されます。

$$\sin a \fallingdotseq a \quad , \quad \sin b \fallingdotseq b \quad , \quad \sin c \fallingdotseq c$$

$$\cos a \fallingdotseq 1-\frac{a^2}{2}, \quad \cos b \fallingdotseq 1-\frac{b^2}{2}, \quad \cos c \fallingdotseq 1-\frac{c^2}{2}$$

この近似式を用いると、「何」が「何」になるの。

3角形ABCが小さいとき、球面正弦定理や球面余弦定理は、どんな式で近似されるのでしょうか。

$$\frac{\sin a}{\sin A}=\frac{\sin b}{\sin B}=\frac{\sin c}{\sin C}$$ ➡ ？

$$\cos c = \cos a \cos b + \sin a \sin b \cos C$$ ➡ ？

球面正弦定理は、(ユークリッド幾何の) 正弦定理となります。

$$\frac{\sin a}{\sin A}=\frac{\sin b}{\sin B}=\frac{\sin c}{\sin C}$$

$$\Rightarrow \quad \frac{a}{\sin A}=\frac{b}{\sin B}=\frac{c}{\sin C}$$

球面余弦定理は、次のように（ユークリッド幾何の）余弦定理となってきます。

$$\cos c = \cos a \cos b + \sin a \sin b \cos C \quad \text{〔球面余弦定理〕}$$

$$\left(1 - \frac{c^2}{2}\right) = \left(1 - \frac{a^2}{2}\right)\left(1 - \frac{b^2}{2}\right) + ab\cos C$$

$$1 - \frac{c^2}{2} = 1 - \frac{a^2}{2} - \frac{b^2}{2} + \frac{a^2b^2}{4} + ab\cos C$$

$$-\frac{c^2}{2} \fallingdotseq -\frac{a^2}{2} - \frac{b^2}{2} + ab\cos C \quad \left(\frac{a^2b^2}{4}\text{は小さい}\right)$$

$$c^2 = a^2 + b^2 - 2ab\cos C \quad \text{〔余弦定理〕}$$

● 射影平面

球面幾何が入るものに、どんなものがあるのでしょうか。

“平ら”な正方形でなく、球面を切り貼りするのかな。

じつは、そんなものに**射影平面**があります。

射影平面は、半分に切った球面の切り口を貼り合わせたものです。ただし、球の中心を通る直線の両端にある点をくっつけます。これも数学的創造物として、(高次元に)存在するのです。

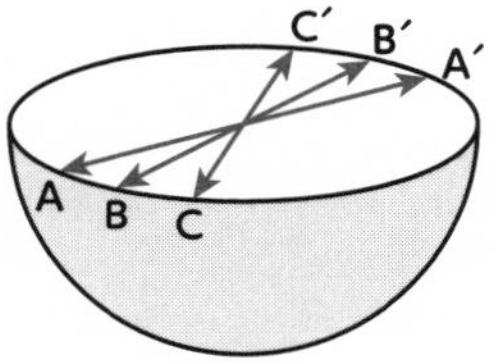

射影平面には、球面幾何が入ります。

もともと球面だったので、問題はつなぎ目だけですね。そのつなぎ目の点の近くには、元の球面の周りと同じものをもってくるので、(詳細はすべて省略しますが)やはり大丈夫なのです。

8
「ポアンカレの円板モデル」で「非ユークリッド幾何」

● 地図とモデル

平面の「世界地図」では、いろいろと問題が生じています。

まっすぐなルートでも、地図上では曲がって見えるよ。

双曲平面は見ることができないのに、なぜか地図なら見られる、といったら驚きですよね。ただし地図ではなく、**モデル**といいます。

地球の地図がいろいろあるように、双曲平面のモデルもいろいろあります。**ポアンカレの円板モデル**、**クラインの円板モデル**、**上半平面モデル**、他に平面ではありませんが**上半球モデル**、**双曲面モデル**などです。

下図は、モデルに描かれた**直線**です。ちなみに、円は内部だけで、円周は無限の彼方に相当することから含まれません。

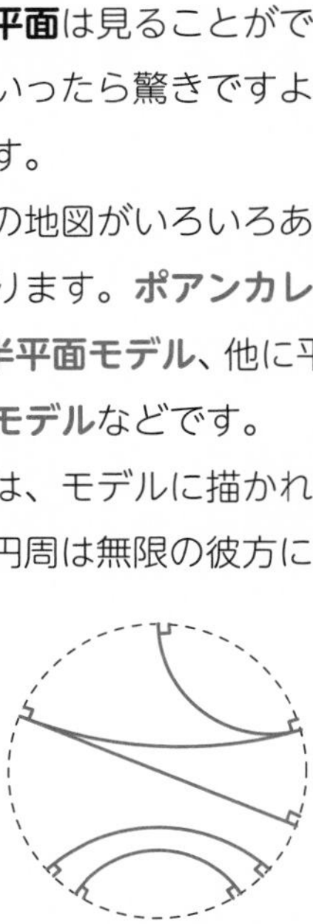

ポアンカレの円板モデル

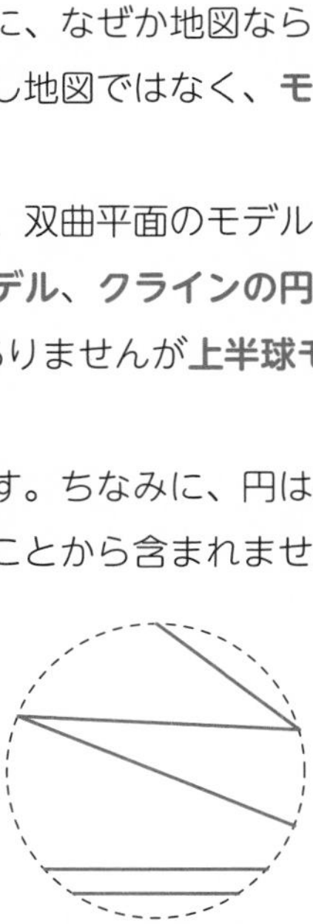

クラインの円板モデル

上半平面モデルでは、（上や左右は無限の彼方ですが）下の軸（x 軸）も無限の彼方に相当することから含まれません。

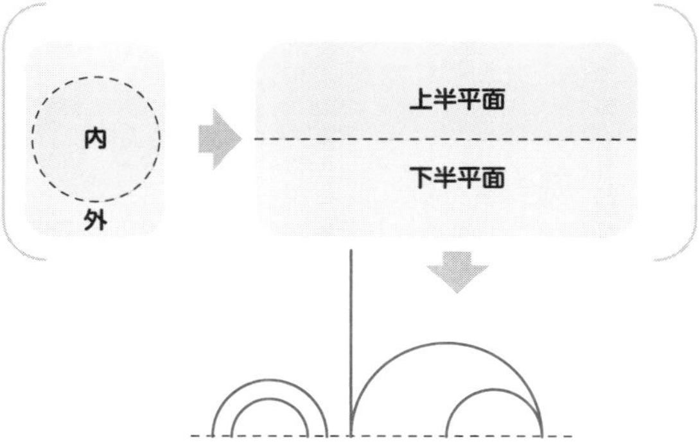

上半平面モデル

地図では、（1枚、1枚に）縮尺が記されていますね。

でもこれらのモデルでは、（同じ1枚でも）その地点、その地点で、縮尺が異なっています。ある地点 (x, y) での縮尺は、「x, y の式」（微分形式）で表されるのです。

無限に広がっている双曲平面を、円や上半平面の中に描けるのは、この場所ごとに異なる縮尺のおかげです。（便宜上“縮尺”としていますが、数学用語ではありません。）

童話の「不思議の国」では、アリスが大きくなったり小さくなったりしますね。でもそれが認識できるのは、「ものさし」（周囲の家具等）が変わらないからです。

そもそも双曲平面のモデルでは、（境界となっている）無限の彼方へ進んでいくと、「ものさし」（縮尺）自体が一緒に縮んでいくのです。

もちろん実際の双曲平面は、波打ちながら四方八方に広がっていき、アリスも「ものさし」も縮みません。どこまで進んでいっても、どこも同じです。

どこも同じなのは平面上や球面上でもそうですが、双曲平面上では鞍の上にいるような曲がり方をしているのです。

ポアンカレの円板モデルや上半平面モデルでは、「直線」が直線だったり円弧や半円だったりしていますね。

でもそれは､あくまでもモデルの描き方（縮尺）のせいです。実際の双曲平面では、これらに違いはありません。アリスにとっては、どれも何のちがいもない「直線」なのです。

● 非ユークリッド幾何

非ユークリッド幾何は、**ロバチェフスキー**や**ボヤイ**によって発見されました。

それ以前は、ユークリッド『**原論**』の**第５公準**は、他の公準から導かれるのではないかと考えられていたのです。このため大勢の数学者が、第５公準を（他の公準から）“証明”しようと奮闘していました。

天才とは、こういう発想の転換ができる人なのでしょうか。何と第５公準（平行線公理）を別の公準と置きかえて、新たな幾何を展開することにしたのです。その結果生まれたのが、**非ユークリッド幾何**（**双曲幾何**）です。

じつは数学の王者**ガウス**も、（彼ら以前に）非ユークリッド幾何を発見していました。でも世間の無理解を恐れて、公表しないでいたのです。

新たな公準

点とそれを通らない直線があるとき、この点を通りその直線に平行な直線が、複数（2本以上）存在する。

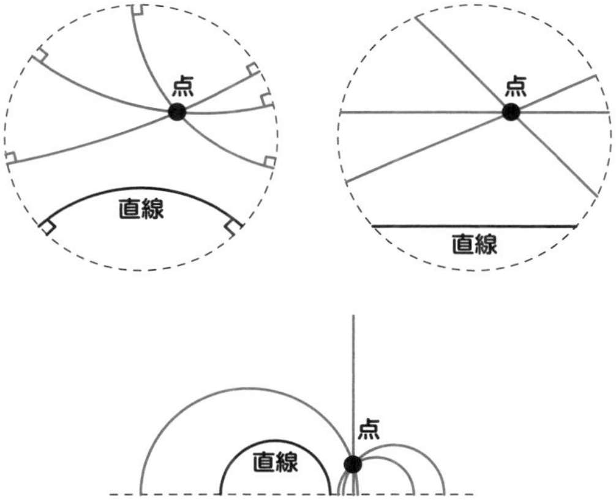

「3角形の内角の和は180°」という“数学の定理”は、平行線公理から導かれたので、双曲幾何では成り立ちません。

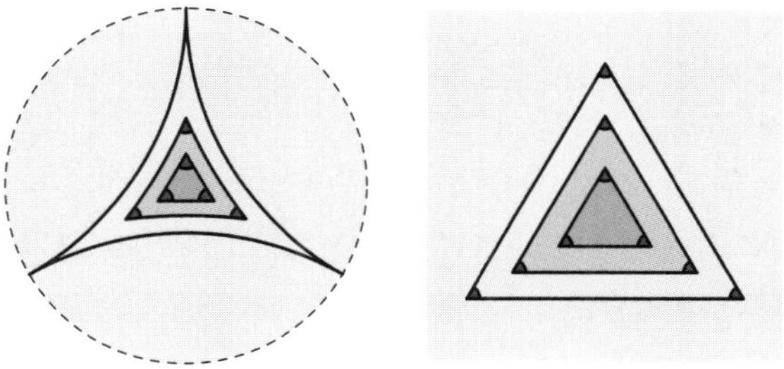

左側の小さな3角形の内角の和は、ほぼ180°ね。

大きな3角形の内角の和は、0°×3＝0°だよ。

双曲平面でも「3角形の内角の和」は、大きさによって変わってきます。球面とは逆に、3角形が大きいほど「内角の和」は小さくなるのです。

前ページ下図左側の大きな正3角形は、頂点が無限の彼方にあるので、本来は3角形とはいえませんね。あくまでも、頂点が無限の彼方近くにある正3角形は、「内角の和」が0°に近いというだけです。

曲率「＋1」(半径1)の球面上では、S を3角形ABCの面積とすると、「$A+B+C=\pi+S$」〔内角の和〕「$S=(A+B+C)-\pi$」〔3角形の面積〕でした。

これに対して**曲率「－1」の双曲平面**上では、じつは次が成り立っています。

$$A+B+C=\pi-S \quad \text{〔内角の和〕}$$
$$S=\pi-(A+B+C) \quad \text{〔3角形の面積〕}$$

今後は、**双曲平面**といったら、(特に断らずとも) **曲率「－1」の双曲平面**を指すことにします。

双曲平面上の3角形では、さらに次が成り立っています。

$$\frac{\sinh a}{\sin A} = \frac{\sinh b}{\sin B} = \frac{\sinh c}{\sin C}$$

〔双曲正弦定理〕

$$\cosh c = \cosh a \cosh b - \sinh a \sinh b \cos C$$

〔双曲余弦定理〕

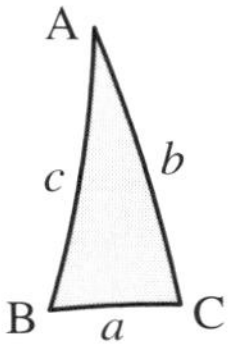

ここでsinh（ハイパボリックサイン）cosh（ハイパボリックコサイン）は、双曲線を出自とする**双曲線関数**です。$\sin x$、$\cos x$ は、円を出自とする**三角関数**（**円関数**）でしたね。

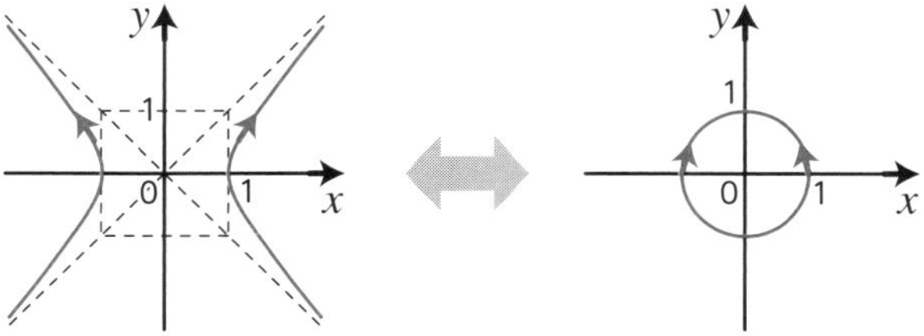

$C = \dfrac{\pi}{2}$ のときは、$\cos C = 0$　から次の通りです。

$$\cosh c = \cosh a \cosh b$$

〔双曲ピタゴラスの定理〕

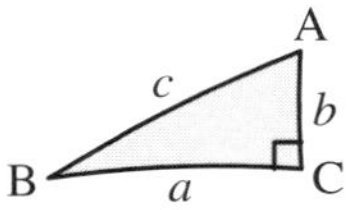

微分法によると、$\sinh x$、$\cosh x$ の**べき級数**展開は、次の通りです。

$$\sinh x = x + \frac{x^3}{3!} + \frac{x^5}{5!} + \frac{x^7}{7!} + \cdots\cdots \quad (-\infty < x < \infty)$$

$$\cosh x = 1 + \frac{x^2}{2!} + \frac{x^4}{4!} + \frac{x^6}{6!} + \cdots\cdots \quad (-\infty < x < \infty)$$

3角形ABCが小さいと、辺の長さ a、b、c は小さくなり、(何乗かするとさらに小さくなって）次のように近似されます。

$$\sinh a \fallingdotseq a \quad , \quad \sinh b \fallingdotseq b \quad , \quad \sinh c \fallingdotseq c$$

$$\cosh a \fallingdotseq 1 + \frac{a^2}{2}, \quad \cosh b \fallingdotseq 1 + \frac{b^2}{2}, \quad \cosh c \fallingdotseq 1 + \frac{c^2}{2}$$

この近似式を用いると、「何」が「何」になるのかな。

3角形ABCが小さいとき、双曲正弦定理や双曲余弦定理は、どんな式で近似されるのでしょうか。

$$\frac{\sinh a}{\sin A} = \frac{\sinh b}{\sin B} = \frac{\sinh c}{\sin C} \Rightarrow ?$$

$$\cosh c = \cosh a \cosh b - \sinh a \sinh b \cos C \Rightarrow ?$$

双曲正弦定理は、(ユークリッド幾何の）正弦定理となります。

$$\frac{\sinh a}{\sin A}=\frac{\sinh b}{\sin B}=\frac{\sinh c}{\sin C} \Rightarrow \frac{a}{\sin A}=\frac{b}{\sin B}=\frac{c}{\sin C}$$

双曲余弦定理は、次のように（ユークリッド幾何の）余弦定理となってきます。

$$\cosh c=\cosh a\cosh b-\sinh a\sinh b\cos C \quad \text{〔双曲余弦定理〕}$$

$$\left(1+\frac{c^2}{2}\right)=\left(1+\frac{a^2}{2}\right)\left(1+\frac{b^2}{2}\right)-ab\cos C$$

$$1+\frac{c^2}{2}=1+\frac{a^2}{2}+\frac{b^2}{2}+\frac{a^2b^2}{4}-ab\cos C$$

$$\frac{c^2}{2}\fallingdotseq\frac{a^2}{2}+\frac{b^2}{2}-ab\cos C \quad \left(\frac{a^2b^2}{4}\text{は小さい}\right)$$

$$c^2=a^2+b^2-2ab\cos C \quad \text{〔余弦定理〕}$$

● タイル貼り

どんな正多角形でなら、**タイル貼り**できるのでしょうか。

「**平面**」なら、正3角形、正方形、正6角形だな。

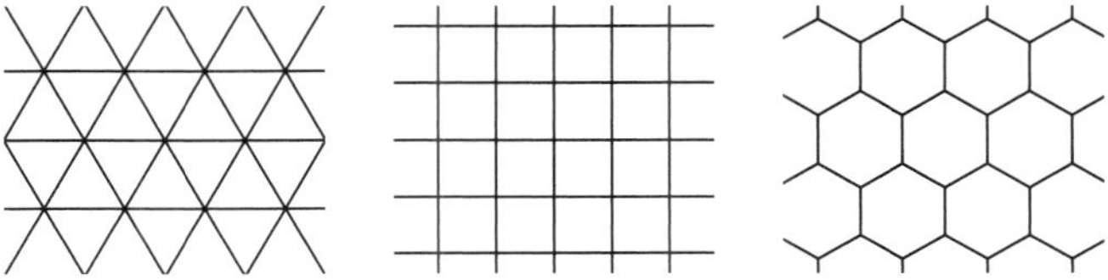

「**球面**」なら、正多面体をふくらませばいいのよ。
（球面）正3角形による**タイル貼り**なら、正4面体、正8面体、正20面体をふくらませたものよ。

「双曲平面」は、どんな（双曲）正多角形でタイル貼りできるのでしょうか。

「**双曲平面**」は、じつはどんな（双曲）正多角形でもタイル貼りできます。しかも何通りにもタイル貼りできるのです。

正３角形でのタイル貼りは、「**平面**」なら１通り、「**球面**」なら３通りしかなかったのと、ずいぶんちがいますね。

「球面」のタイル貼りは、ふくらませて正多面体の角をなくしました。「双曲平面」のタイル貼りも、「双曲平面もどき」の角をなくして、どこも同じ状態にしたものです。

正５角形で「双曲平面もどき」を作ったときは、どの頂点にも「４枚」集めましたね。ちなみに「３枚」では360°より小さく、（“とがって”きて）正12面体（とこれを凹ませたもの）になってしまいました。しかも（双曲）正多角形の内角は、平面のものより小さいのです。平面のときと同じ枚数を頂点に集めても、その和はさらに小さくなるというものです。

ここから先は、**ポアンカレの円板モデル**で見ていきましょう。ちなみにポアンカレの円板モデルでは、（交点での接線のなす）「**角**の大きさ」が“見ため通り”となっています。（ここから先の図は、手作業のため、あまり正確とはいえません。）

今後は「（双曲）正５角形」等を、単に「正５角形」等と記すことにします。また（これまで通り）「内角」（の大きさ）を、単に「角」と記します。

「双曲平面もどき」なら、“平ら”な正５角形で作ったよ。

「双曲平面もどき」の角をなくして、どこも同じ状態に？

【正５角形によるタイル貼り】

正５角形をどの頂点にも「４枚」集めて、双曲平面をタイル貼りすると、次のようになります。ちなみに正５角形では、各頂点に「４枚」以上集めればタイル貼りできます。

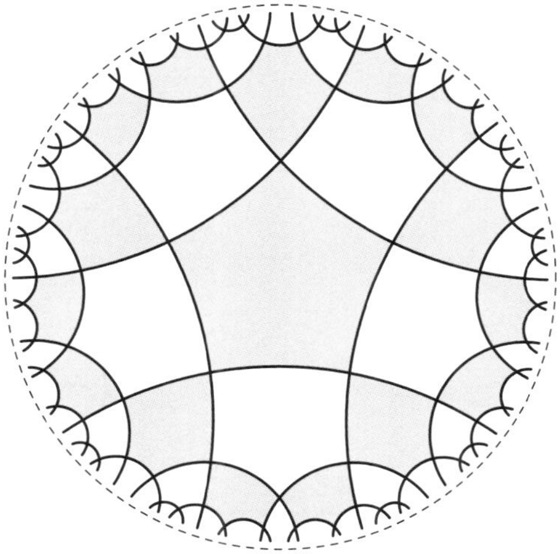

もちろん、どれも同一の正５角形です。ちがって見えるのは、描き方のせいです。場所によって、縮尺が異なっているのです。

ちなみに頂点に集まった４つの角の和が360°ということから、“この正５角形”の角は360°÷４＝90°と分かります。もちろん正５角形の角も、大きさによって異なっています。

ここで中央の“平ら”な正５角形を切り取って、これと同じものを貼り合わせていったら「双曲平面」になる……はずがありませんよね。（ヒルベルトの威光を借りるまでもなく）、それはしょせん「双曲平面もどき」です。頂点では360°になっても、辺と辺を貼り合わせたところが微妙ですね。それに、そもそも双曲平面上には“平ら”な場所など存在しないのです。

【正３角形によるタイル貼り】

正３角形では、各頂点に「７枚」以上集めれば、双曲平面をタイル貼りできます。次は「７枚」集めたものです。

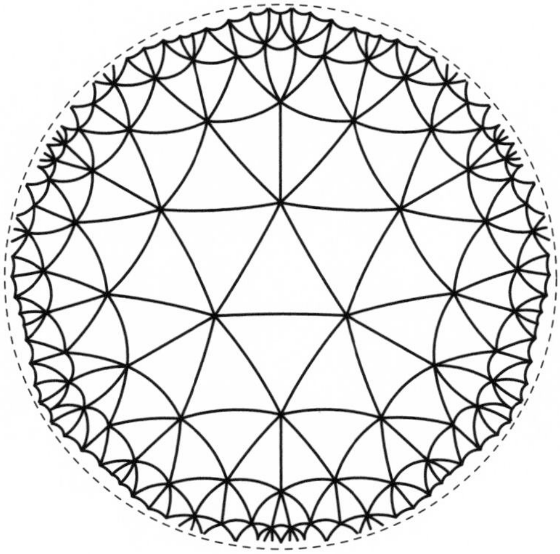

7つの角の和が360°ということから、“この正3角形”の角は $\frac{360^\circ}{7}$ と分かります。

p145下図左側の正3角形を、小さい方から大きい方へと連続的に拡大していく途中に、この大きさの（角の）正3角形が現れてきます。

【 正方形によるタイル貼り 】

正方形では、各頂点に「5枚」以上集めれば、双曲平面をタイル貼りできます。

次は、各頂点に「5枚」集めたものです。

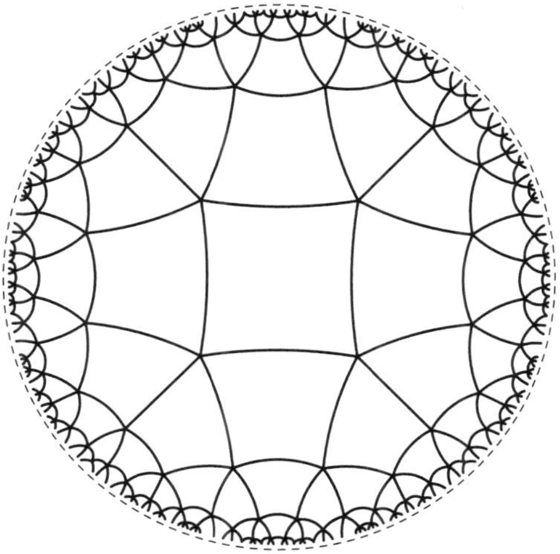

次は、各頂点に「6枚」集めたものです。

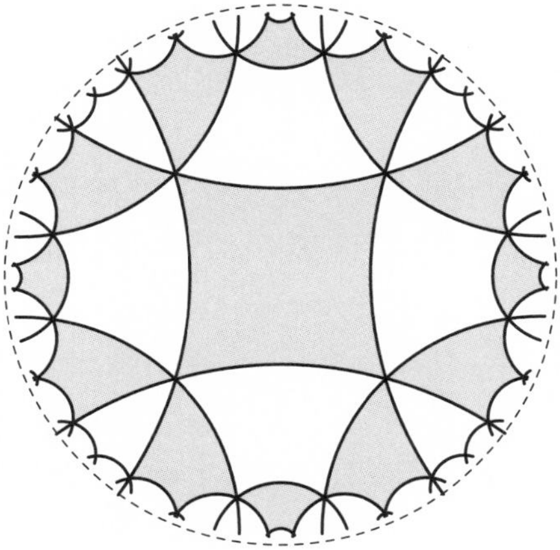

【正6角形によるタイル貼り】

正6角形では、各頂点に「4枚」以上集めれば、双曲平面をタイル貼りできます。次は「4枚」集めたものです。

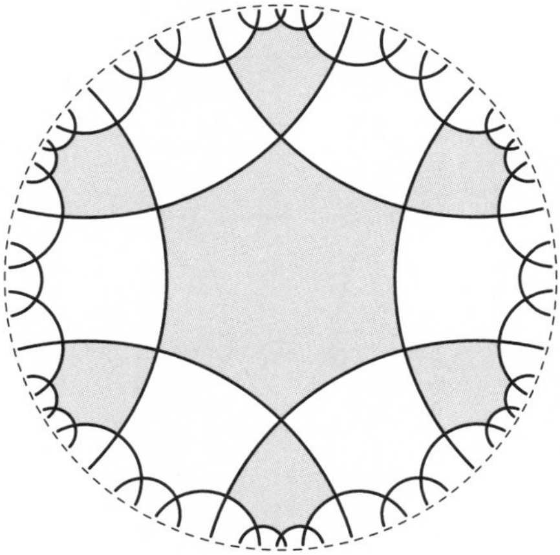

正7角形以上では、各頂点に「3枚」以上集めれば、双曲平面をタイル貼りできます。(図はすべて省略します。)

ところで、**双曲幾何**が入るものには（双曲平面は当然として）どんなものがあるのでしょうか。

次章で見ていくことにしましょう。

工作コーナー

「アルキメデスタイル貼り」でパッチワーク

美しいパッチワーク作りの第２弾です。

今回も、台紙に色紙を貼っていきましょう。もし手芸が得意なら、何か実用的な物を作ってもいいですね。

下図は（**1辺の長さが等しい**）「正３角形」「正方形」「正６角形」を用いています。これらの正多角形は、紙から切り取る際に無駄が出ないのがうれしいですね。もっとも正方形４枚を貼り合わるのは、（色を変えれば別として）気が進まないですよね。

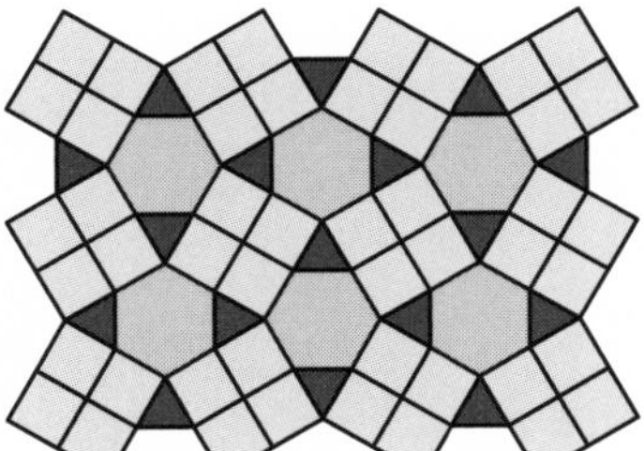

（1辺の長さが等しい）正多角形を**2種類以上**用いるものに、**アルキメデスのタイル貼り**があります。これはさらに、どの頂点に立ってながめても周囲の様子が同じ、という条件をみたすものです。ちなみに上図は、アルキメデスのタイル貼りではありません。ある頂点は正方形に囲まれているのに、別の頂点はそうではないからです。

アルキメデスのタイル貼りは、全部で**8種類**です。

ここでは、1つの頂点の周りが「正**3**角形」「正**12**角形」「正**12**角形」だったら、下の**(☆)**のように記すことにします。

$$\frac{180^\circ}{\boxed{3}} + \frac{10\times180^\circ}{\boxed{12}} + \frac{10\times180^\circ}{\boxed{12}} = 360^\circ$$

$$\Rightarrow \quad \frac{1}{\boxed{3}} + \frac{10}{\boxed{12}} + \frac{10}{\boxed{12}} = 2 \quad \cdots \quad (☆)$$

$$\left(\frac{3-2}{3} + \frac{12-2}{12} + \frac{12-2}{12} = 2 \right)$$

(☆)では、分子は分母より2だけ小さくなっています。

正n角形を3角形に分割すると$(n-2)$個あることから、1つの内角は$\frac{(n-2)\times180^\circ}{n}$となるからです。

なお分数の計算にもちこむ前に、じつはいろいろと確認すべきことがあります。ここでは、(くわしくは)省略することにします。

[1] 頂点に3個の正多角形が集まっている場合

・正3角形、正方形、正5角形のいずれか1つを必ず含む。

・正3角形、正5角形を含む場合は、残る2つは同じ正多角形。

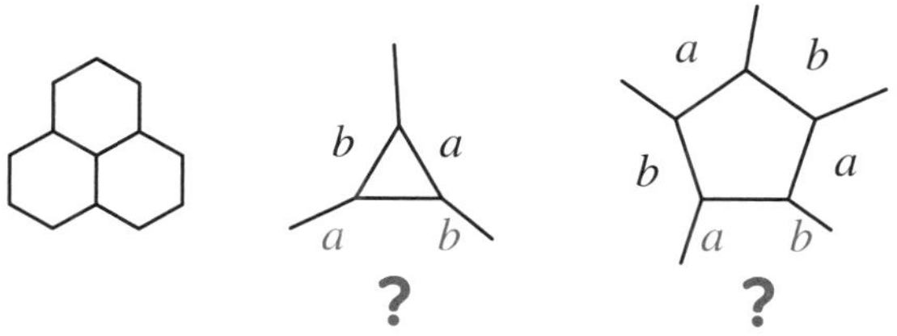

(1)

$$\frac{1}{3} + \frac{5}{3} = 2$$

$$\frac{1}{3} + \frac{10}{6} = 2$$

$$\frac{1}{3} + \frac{5}{6} + \frac{5}{6} = 2$$

$$\frac{1}{3} + \frac{10}{12} + \frac{10}{12} = 2$$

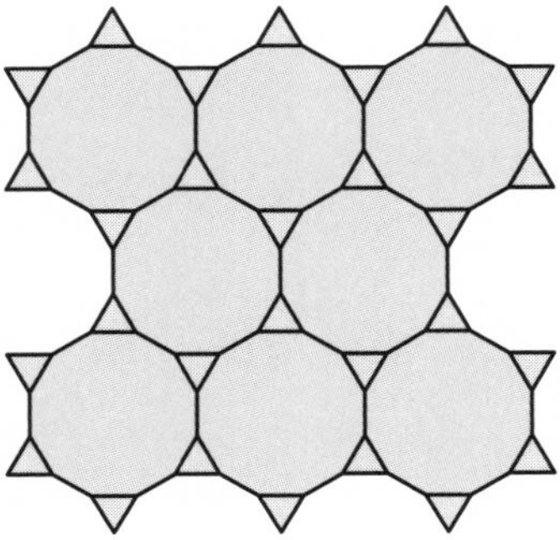

(2)

$$\frac{2}{4} + \frac{6}{4} = 2$$

$$\frac{2}{4} + \frac{3}{2} = 2$$

$$\frac{2}{4} + \frac{9}{6} = 2$$

$$\frac{2}{4} + \frac{4}{6} + \frac{5}{6} = 2$$

$$\frac{2}{4} + \frac{4}{6} + \frac{10}{12} = 2$$

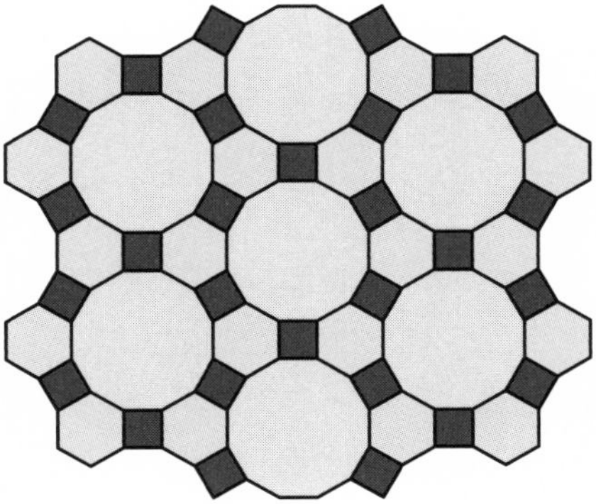

(3)

$$\frac{2}{4} + \frac{6}{4} = 2$$

$$\frac{2}{4} + \frac{3}{2} = 2$$

$$\frac{2}{4} + \frac{12}{8} = 2$$

$$\frac{2}{4} + \frac{6}{8} + \frac{6}{8} = 2$$

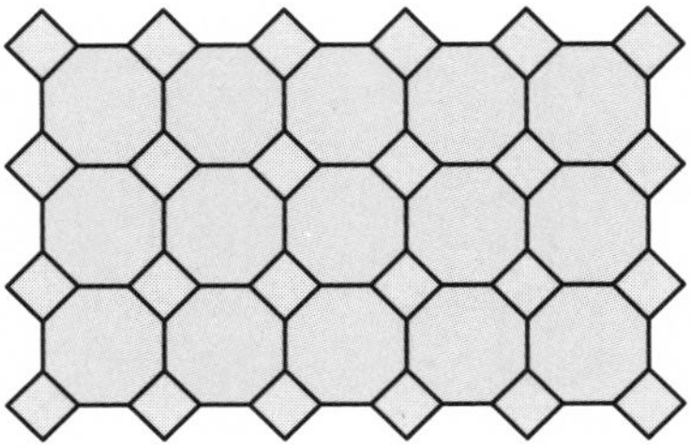

［2］頂点に４個の正多角形が集まっている場合

・少なくとも１つは正３角形。

・残り３つのうち１つは、正３角形か正方形。

・残り３つのうち２つは、同じ正多角形。

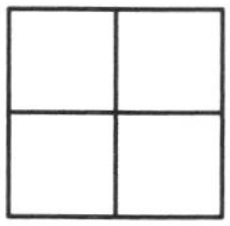

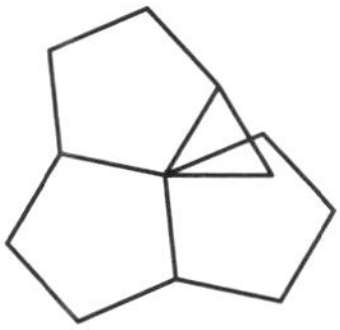

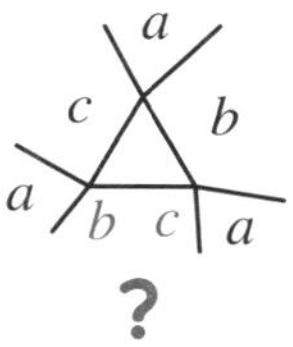

(4)

$$\frac{1}{\boxed{3}}+\frac{1}{\boxed{3}}+\frac{4}{3}=2$$

$$\frac{1}{3}+\frac{1}{3}+\frac{8}{6}=2$$

$$\boxed{\frac{1}{3}+\frac{1}{3}+\frac{4}{6}+\frac{4}{6}=2}$$

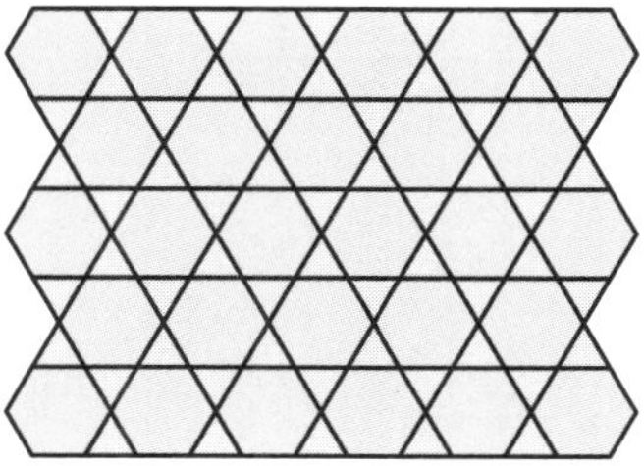

(5)

$$\boxed{\frac{1}{\boxed{3}}+\frac{2}{\boxed{4}}+\frac{2}{4}+\frac{4}{6}=2}$$

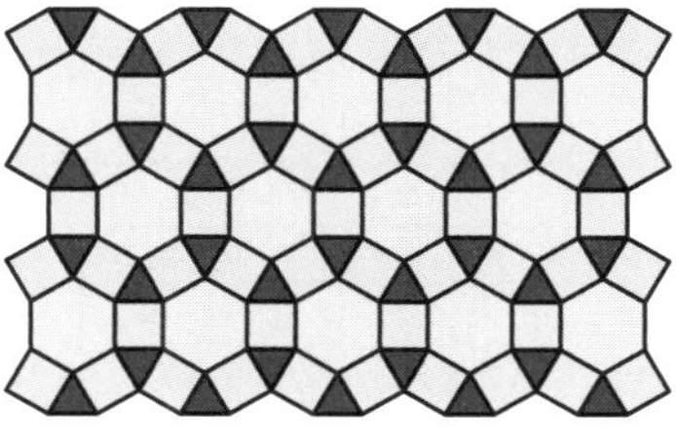

［3］頂点に５個の正多角形が集まっている場合

・少なくとも３つは正３角形。

・残り２つのうち１つは、正３角形か正方形。

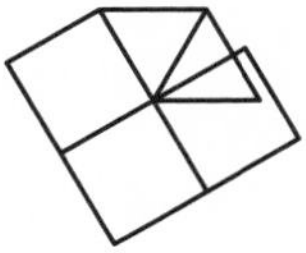

(6)

$$\frac{1}{3}+\frac{1}{3}+\frac{1}{3}+\frac{1}{3}+\frac{2}{3}=2$$

$$\frac{1}{3}+\frac{1}{3}+\frac{1}{3}+\frac{1}{3}+\frac{4}{6}=2$$

(7)　(8)

$$\frac{1}{3}+\frac{1}{3}+\frac{1}{3}+\frac{2}{4}+\frac{2}{4}=2$$

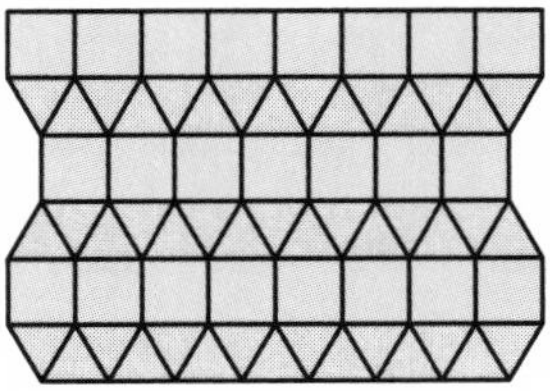

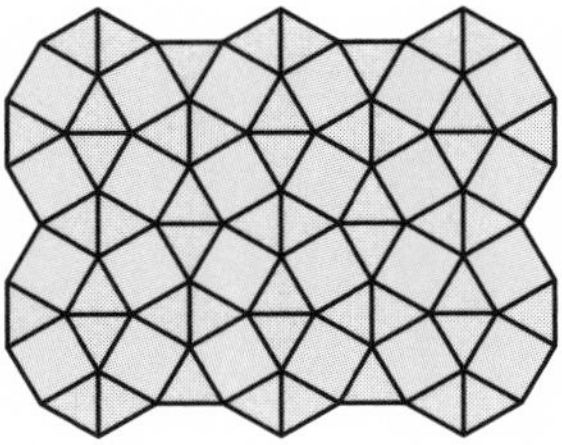

もちろん、「頂点に6個の正多角形が集まっている場合」はありません。全部正3角形になってしまい、2種類以上とはならないからです。

以上の8種類が、**アルキメデスのタイル貼り**です。

さて、どれか気に入ったものはありましたか。前ページ下図左側にいたっては、（正3角形や正方形の色を変えないと）遠目には単なるストライプ模様ですね。

塗り絵コーナー

“非”アルキメデスタイル貼り

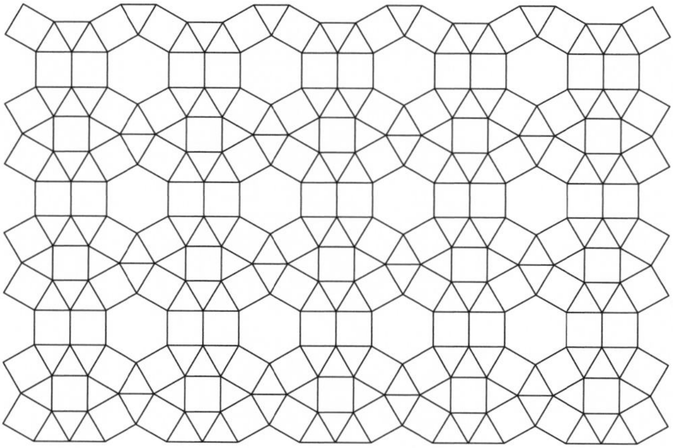

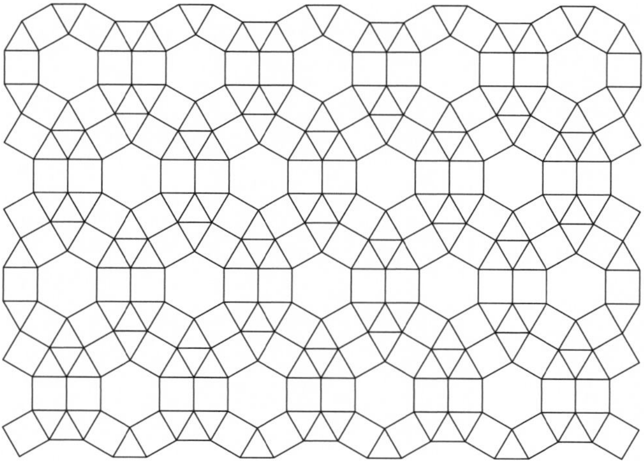

Part 5

「オイラー・ポアンカレの定理」

〜「オイラー標数」に現れる「穴の個数」〜

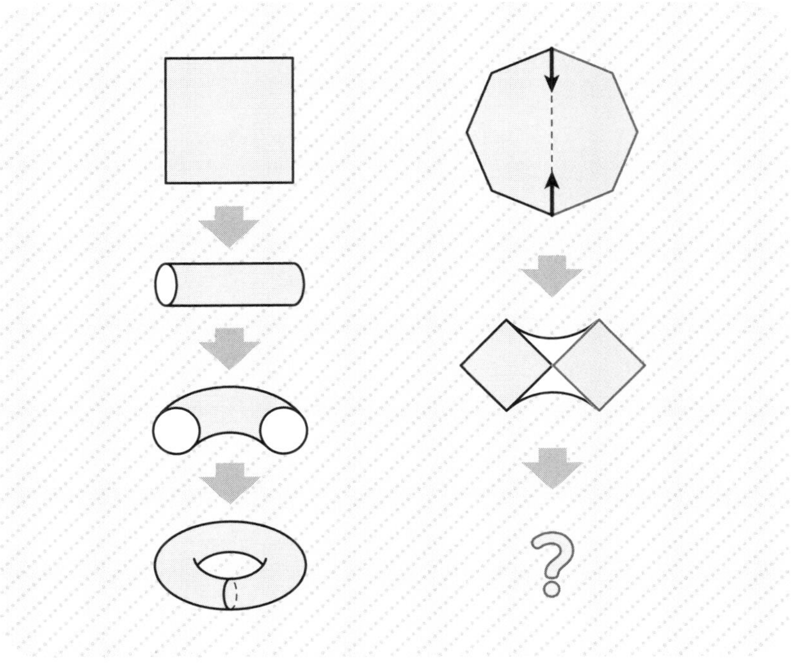

9 「穴g個の形」を正多角形“1枚”で！

●「穴のある形」を1枚で

双曲幾何が入るのは、（双曲平面の他に）どんなものがあるのでしょうか。

平面や球面でなく、双曲平面を切り貼りするのかな。

見たこともない双曲平面を、どうやって切り貼りするっていうの？

切り貼りは、あくまでも**双曲平面のモデル**で行います。このため、どうしても頭の中の作業となり、実感に乏しくなります。

できたらその前に、実際に作れるようなものを見ていきたいですね。たとえ「……もどき」しかできなくても、どんなものか見当がつくというものです。このため、まずは“平ら”な正多角形で考察することにしましょう。ポイントは、（これまでとちがって）たった“1枚”しか用いないことです。

じつは正多角形“1枚”の辺を貼り合わせることで、「**穴のある形**」が作られるのです。ちなみに正方形“1枚”からは、「**穴1つの形**」である**平坦トーラス**が作られましたね。

問題は、「正何角形」だと「穴何個の形」になるかだ。

正多角形“1枚”の辺を貼り合わせて、「穴のある形」を作ります。□に入る数は何だと思いますか。

正方形1枚　⇨　穴（トンネル）1個

正□角形1枚　⇨　穴（トンネル）2個

正□角形1枚　⇨　穴（トンネル）3個

「正方形」の向かい合った辺を貼り合わせると、穴（トンネル）が1個できましたね。穴を作るには、どうも正方形がカギとなりそうです。

正方形1個につき穴1個から、正多角形の「**辺4本につき穴1個**」と見当をつけてみます。（下図はイメージ図です。）

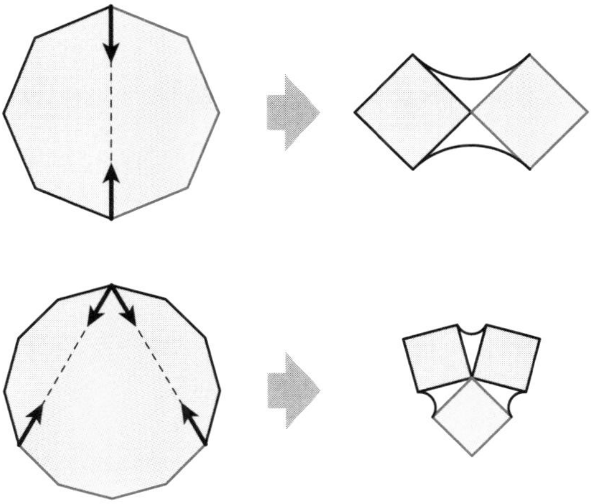

穴2個なら4×2＝8角形、穴3個なら4×3＝12角形。

柔らかい紙で作って、穴の個数を確かめてみるわね。

●「穴2つの形」を1枚で

もし面倒でなければ、実際に作って確認してみましょう。まずは穴**2**個となる（であろう）、4×**2**＝8の「正8角形」です。正8角形の型紙の作り方はp93にあります。あまり小さいと、作業がやりにくいですよ。

まず正8角形を「正方形が2つ」とみなし、向かい合った辺を貼り合わせます。

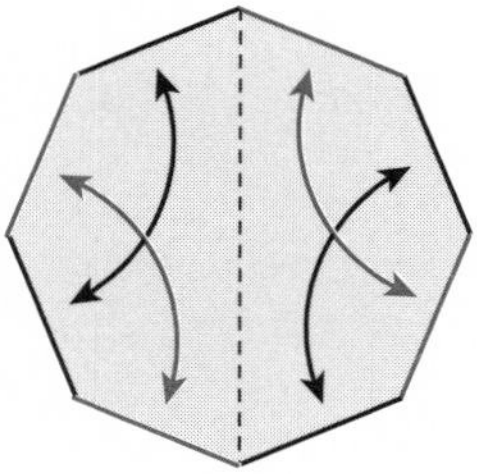

手早くやるには、半分に折りたたみ、（下図の）青い辺を2本ずつ貼り合わせます。

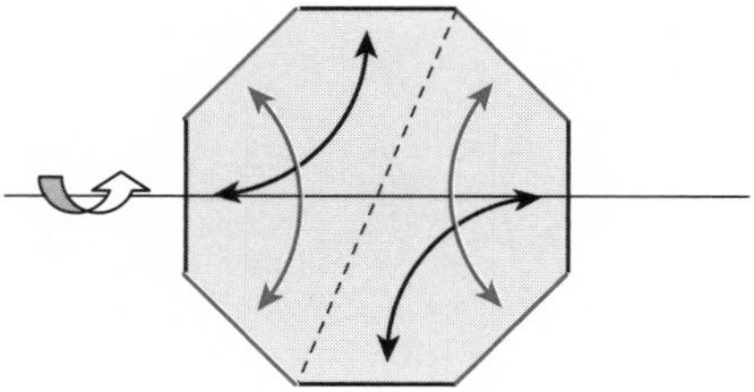

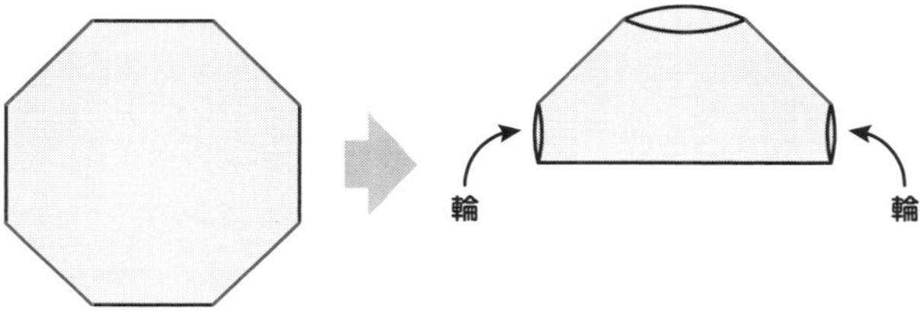

大変なのは、ここからです。

下図の「輪になった辺」と「まっすぐな辺」を（“できばえ”を気にしないで）何とか貼り合わせます。

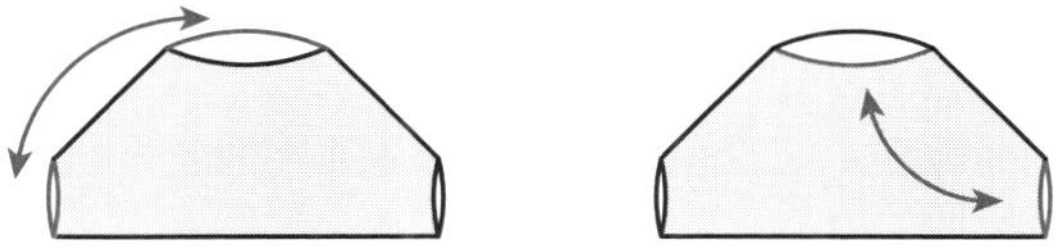

すると「**穴2つの形**」ができあがります。（写真p8上）

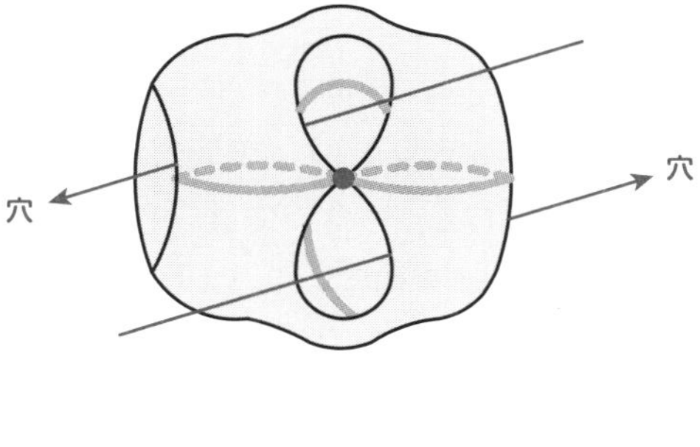

ここで、元の正8角形の「**辺**」を確認してみましょう。

まず8本の辺は、2本ずつ貼り合わせましたね。

その8÷2＝4（本）の辺ですが、さらに両端もくっついて、ループになっています。しかもその4本のループは、最終的にたった1つの頂点（●）に集まっているのです。

作ってみた方は、穴をのぞいて確認してみましょう。

これまでのことを図示すると、次の通りです。

下図の矢印ですが、（正方形のときと同様）貼り合わせる辺どうしの向きをそろえれば、どちら向きでもかまいません。

●「穴3つの形」を1枚で

今度は穴**3**個となる（であろう）、4×**3**＝12の「正12角形」です。もし作ってみるなら、かなり大きめの方がいいですね。

まずは**正12角形の型紙**を作ります。（カレンダーの裏などの）大きな紙から正方形を切り取り、これに正12角形を描きます。描き方のコツは、あらかじめ補助線を引いておくことです。（目盛りのある）定規を用いて、長さを測りながら頂点をとっていきましょう。

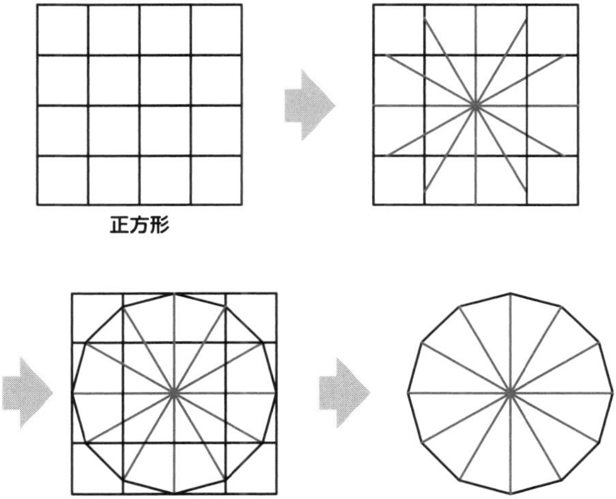

まずは正12角形を、「正方形が3つ」とみなします。その上で、向かい合った辺を貼り合わせるのです。あらかじめ（下図のように）、辺4本ずつマジックで色分けしておくと便利です。

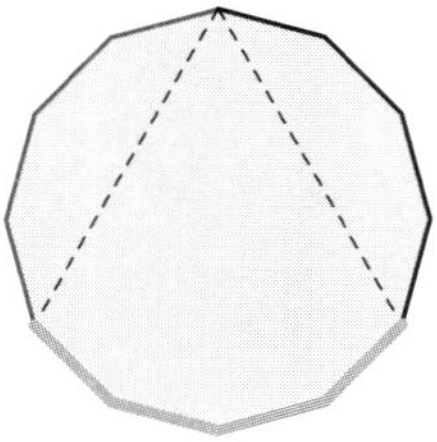

ちなみにこの他にも、半分に折りたたんで手早く作れるような分け方もあります。でも（上記のように）1つの頂点で分けることに統一すれば、すぐにも「正4g角形」に一般化できるというものです。

さて「正方形もどき」の（貼り合わせる）向かい合った辺ですが、要は同じ色の「隣でない辺」です。

作業のコツは、3組とも同時並行して進めることです。

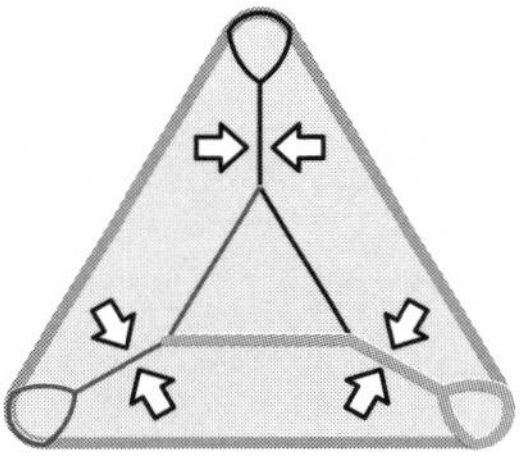

大変なのは、ここからです。

残った辺を貼り合わせるのですが、またしても「輪になった辺」と「まっすぐな辺」です。

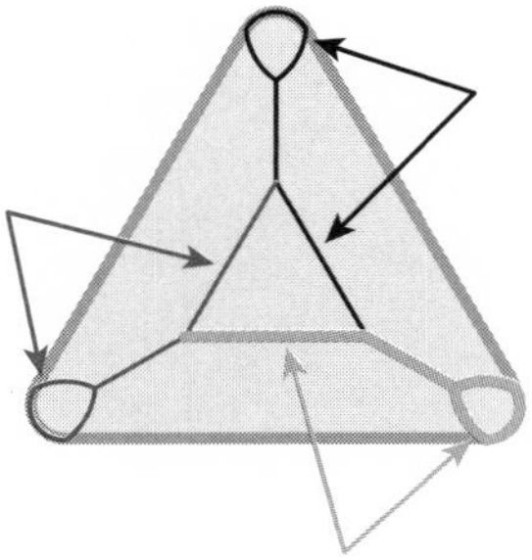

完成すれば、**「穴3つの形」**となってきます。

上から見ると、単に穴が1つ増えただけです。もちろん横から見ても、穴（トンネル）の出口が3つに増えています。

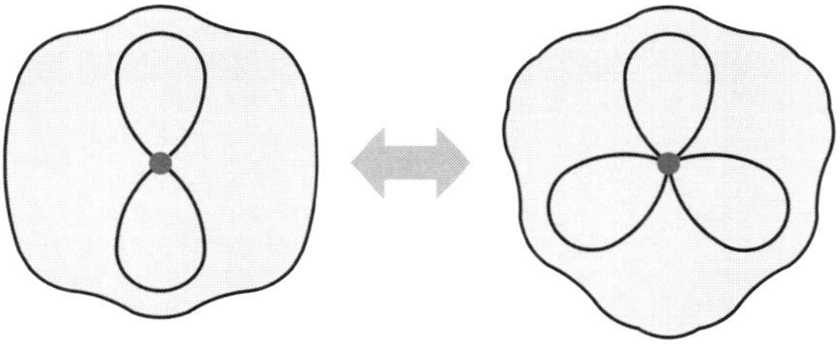

穴をのぞいてみると、12÷2＝6（本）の「**辺**」はループになっていて、すべて1個の頂点（●）に集まっています。

これまでのことを図示すると、下図の通りです。矢印の向きに関しては、これまでと同様です。

● 双曲幾何が入る形

正方形の向かい合った辺を貼り合わせた「**穴1つの形**」（**平坦トーラス**）には、**平面幾何**（**ユークリッド幾何**）が入りました。もともと“平ら”な正方形なので、問題となるのは辺や頂点だけです。辺のつなぎ目は周りと変わらず、頂点も「**4**つ」の角が集まって90°×**4**＝360°となり、やはり周りと変わりません。

先ほどは、“平ら”な正８角形や正12角形で、「穴２つの形」や「穴３つの形」を作りましたね。でもこれらには、平面幾何（ユークリッド幾何）は入りません。それはなぜでしょうか。

辺のつなぎ目は、周りと同じく“平ら”だよ。

頂点では、集まった角の合計が軽く360°をオーバーね。

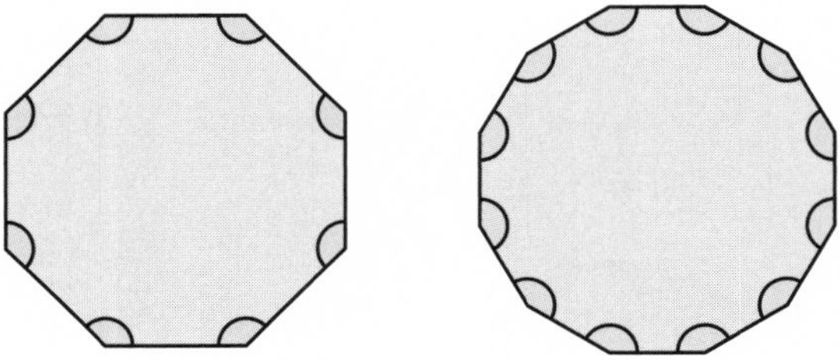

もしアリがこの上を歩いたら、全部の角が集まった頂点で、直前までと様子がちがうとハッキリ分かってしまいます。

“平ら”な正多角形１枚で作った「穴のある形」には、平面幾何（ユークリッド幾何）は入らないのです。

そこで登場するのが**双曲平面**です。（双曲）正多角形を切り貼りするのです。今後は「双曲正８角形」等を、単に「正８角形」等と記すことにします。

双曲平面での正８角形や正12角形なら、じつは全部の角を集めてキッチリ360°にできるのです。ちなみに双曲平面も、局所的には“ほぼ平ら”なので、合わせて360°がカギとなります。

「360°」といえば、双曲平面はどんな正多角形でもタイル貼りできましたね。正３角形なら７枚以上、正方形なら５枚以上、正５角形や正６角形なら４枚以上、正７角形以上なら３枚以上を頂点に集めると、合わせた角の合計がちょうど「360°」となる大きさが存在し、“その大きさの正多角形”でタイル貼りできたのです。

たとえば「穴２個」なら、正８角形を下図の真ん中とします。“この正８角形”は角が360°÷８＝45°で、これによるタイル貼りでも、同じく８つの角を頂点に合わせるのです。

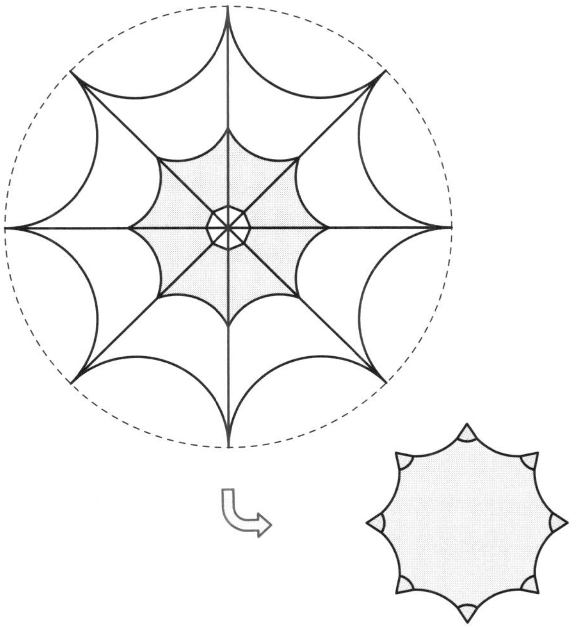

集まった頂点では、45°×8＝360°で周りと同じね。

辺のつなぎ目が、「Λ」みたいにとがってこないかな。

「辺」のつなぎ目に関しても、大丈夫です。この図は双曲平面であって、ユークリッド平面ではないのです。辺が曲がって見えるのは、モデルの描き方（縮尺）のせいです。辺と辺を貼り合わせても、何ら（双曲平面の）周りと変わりません。

双曲幾何が入るのは、どんなものがあるのかということでしたね。

そんなものに、（双曲）正多角形の辺と辺を貼り合わせて作った、穴（トンネル）が「2個以上」の曲面があるということです。

穴が0個　……　球面幾何が入る
穴が1個　……　平面幾何（ユークリッド幾何）が入る
穴が2個以上　……　双曲幾何（非ユークリッド幾何）が入る

「n 穴トーラス」のようなトポロジーの話ではないのね。

（球面・平面・双曲）正弦定理・余弦定理が出てくるような幾何の話だよ。

10 「穴の個数」を「オイラー・ポアンカレの定理」で!

● オイラーの多面体定理

次の**オイラーの多面体定理**は有名ですね。

オイラーの多面体定理

(面の個数) − (辺の個数) + (頂点の個数) = 2

この定理は、穴（トンネル）が「0個」の多面体でのものです。多面体は、凹んでいてもかまいません。ふくらませると「球」になればよいのです。

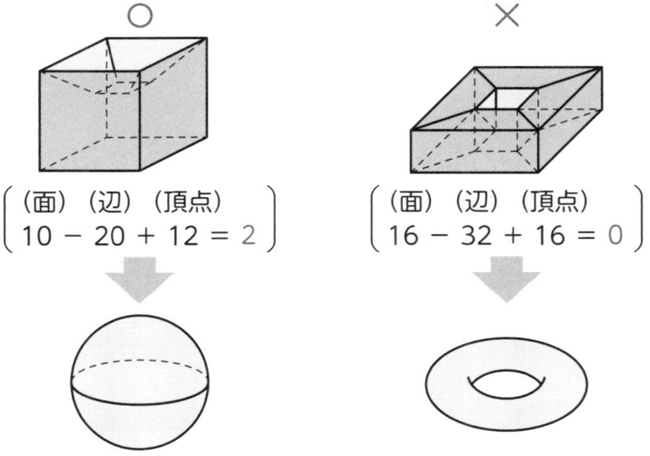

この定理の中の「(**面**の個数)－(**辺**の個数)＋(**頂点**の個数)」は、**オイラー標数**と呼ばれています。ここでは、オイラー標数を χ と表すことにしましょう。χ（カイ）はギリシア文字であって、ローマ字の x（エックス）ではありません。

オイラー標数「χ」

$$\chi = (\text{面の個数}) - (\text{辺の個数}) + (\text{頂点の個数})$$

オイラーの多面体定理は、「$\chi=2$」ということね。

「$\chi=2$」かどうか、正多面体で数えてみようよ。

立体のままでは、数えるのが大変ですね。

そこで面を1枚はずして、つぶすことにしましょう。面や辺の個数は、形や大きさを変えても変わらないので、適当に伸び縮みさせてもかまいません。

たとえば立方体では、下図のようにします。

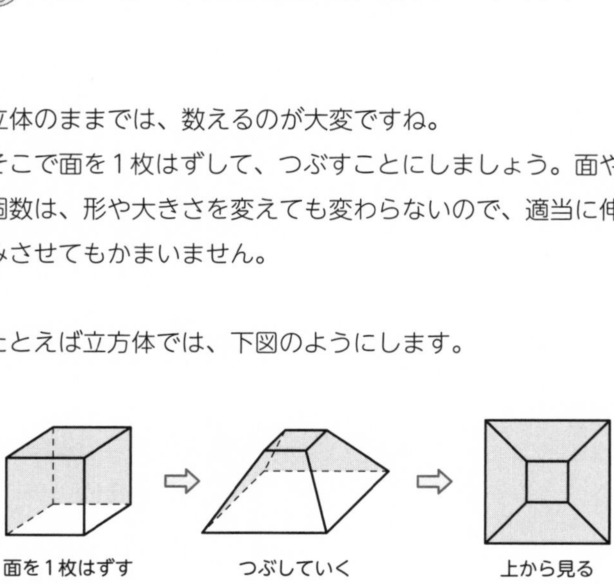

正多面体から面を１枚はずし、伸び縮みさせながらつぶすと、次のようになります。

ただし面の個数は、はずした１枚を追加して数えています。はずした１枚を底にもどして、２枚重ねにしてもいいですね。

正４面体

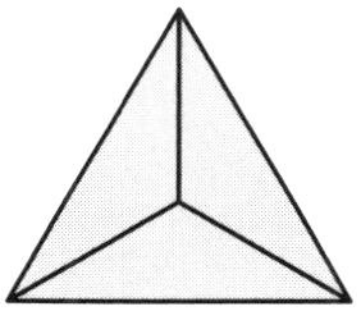

（面）（辺）（頂点）

$4 - 6 + 4 = 2$

正６面体（立方体）

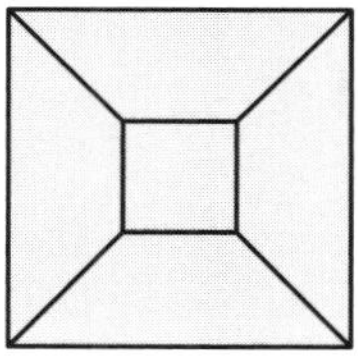

（面）（辺）（頂点）

$6 - 12 + 8 = 2$

正８面体

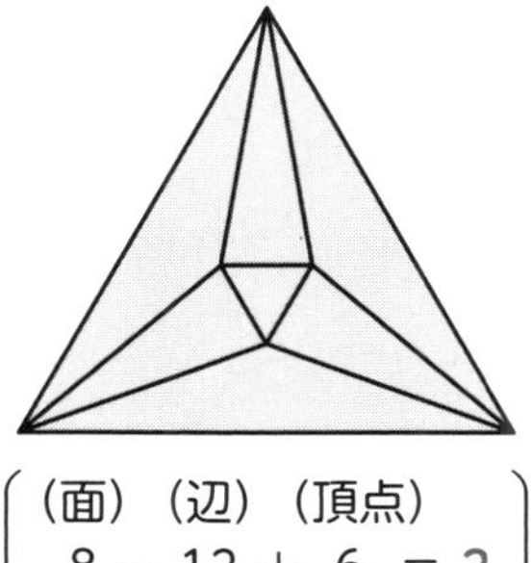

（面）（辺）（頂点）

$8 - 12 + 6 = 2$

正12面体

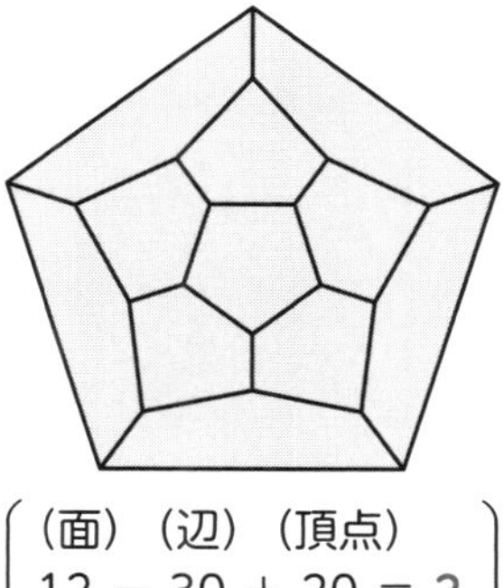

（面）（辺）（頂点）

$12 - 30 + 20 = 2$

正20面体

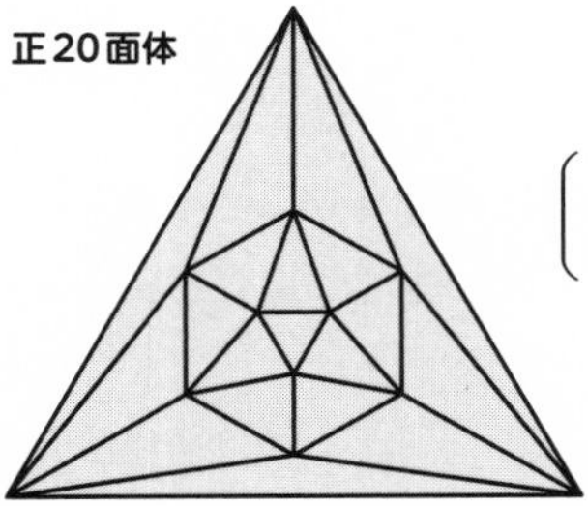

（面）（辺）（頂点）
20 − 30 ＋ 12 ＝ **2**

正多面体では、確かに「オイラーの多面体定理」が成り立っていますね。

正多面体は、正多角形を貼り合わせて作りました。でも、伸び縮みさせてつぶすのなら、何も正多角形である必要はありません。全部ただの多角形、しかも３角形だけでよいのです。

たとえば立方体や正12面体の１つの面を、（ただの）３角形で作ることにしましょう。

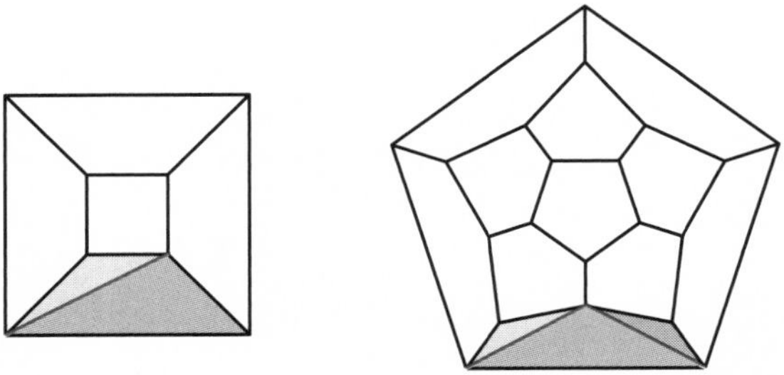

「辺」を１本追加すると、「面」も１枚増えます。このため、増えた「面」と「辺」の個数は同一となり、χ ＝「（面の個数）－（辺の個数）＋（頂点の個数）」に変化はありません。

このとき、すでにある頂点と頂点を結ぶ必要もありません。面のどこかに「頂点」を１個追加して、（すでにある）頂点と結べば、「辺」も１本増えます。この段階では「面」は増えず、χ ＝「（面の個数）－（辺の個数）＋（頂点の個数）」に変化はありません。さらに（すでにある）頂点と結んでいけば、「辺」を１本追加するごとに「面」も１枚増え、やはり χ に変化はありません。

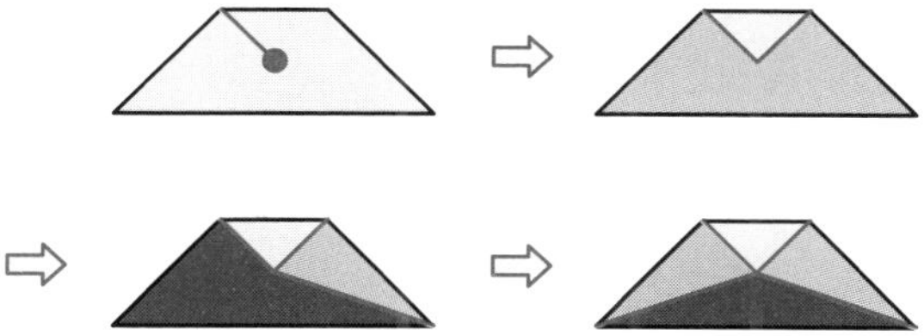

また、頂点を（面ではなく）辺に追加しても、「頂点」も「辺」も同じ個数だけ増えて、χ に変化はありません。

こうなると、（p50で話題になった）２面からなる３角形のクッションから始めてもよいということです。この３角形のクッションが、たとえば立方体にもなってくるのです。

ためしに３角形のクッションを、立方体へと変えてみましょう。面を１枚はずし、適当に頂点や辺を追加して、伸び縮みさせるのです。

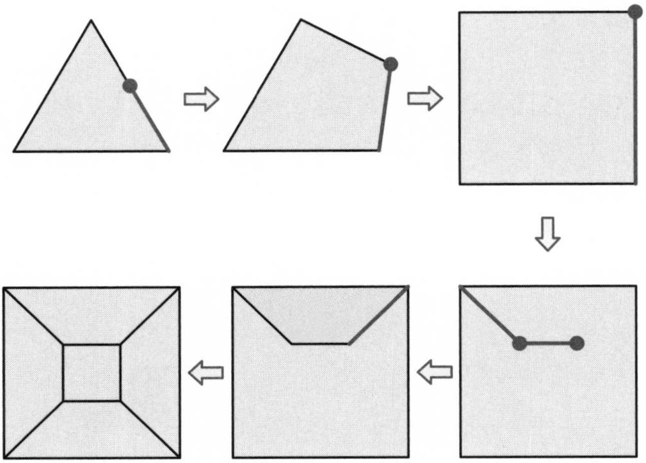

さて、最初のクッション（や座布団）では、はずした1枚を追加して数えると、面は**2**枚で、辺と頂点の個数は同一です。面は**2**枚重ねと思った方が、自然かもしれませんね。

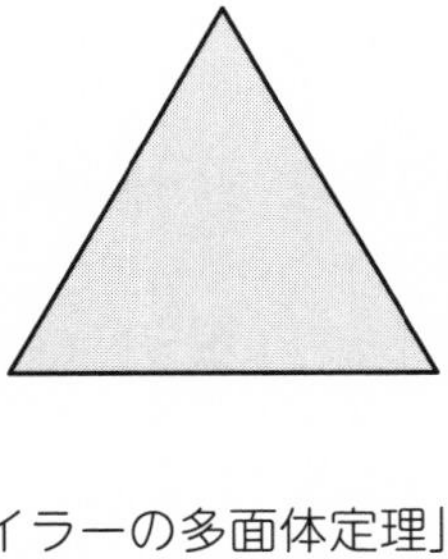

（面）（辺）（頂点）

$2 - 3 + 3 = \mathbf{2}$

「オイラーの多面体定理」のくわしい（正確な）証明は省略しますが、この（最初の）クッション（や座布団）が、様々な多面体へと引き継がれるのです。

● オイラー・ポアンカレの定理

ゴムでできた「穴0個の形」は、球で「$\chi=2$」ね。

ゴムでできた「穴 g 個の形」は、g 穴トーラスで「$\chi=?$」

「**穴 g 個の形**」のオイラー標数 χ は、いくつでしょうか。

ちなみに穴の個数 g は、**種数**（genus）と呼ばれています。生物学での「genus」は、分類における「属」「種」に相当します。じつは、（向きづけ可能な広がっていない）曲面は、（伸び縮みさせると）穴（トンネル）の個数で分類されるのです。

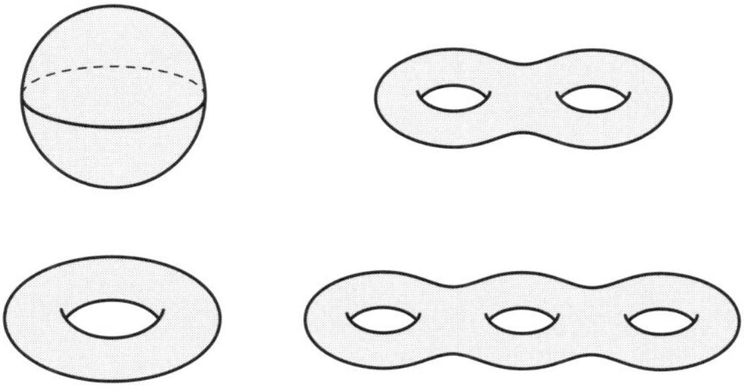

これまでは、通称「2穴トーラス」「3穴トーラス」と呼んできましたが、正式には「**種数2のトーラス**」「**種数3のトーラス**」といいます。

問題としているのは「**種数 g のトーラス**」（**g 穴トーラス**、g 穴ドーナツ曲面、g 人乗り浮き袋）のオイラー標数ですね。

これを“平ら”な「正4g角形」“1枚”で作った、「穴g個の形」で見てみましょう。この穴g個の形を「究極のゴム」で作ったものが、種数gのトーラスです。

まず「**面**」は1枚、「**頂点**」も1個です。「**辺**」は、4g本を2本ずつ貼り合わせたので$4g \div 2 = 2g$本です。この2g本の辺は、両端もくっついてループになり、1個の頂点に集まっています。

χ =（**面**の個数）－（**辺**の個数）＋（**頂点**の個数）

$= 1 - 2g + 1$

$= 2 - 2g$

オイラー・ポアンカレの定理

「種数gのトーラス」では

（面の個数）－（辺の個数）＋（頂点の個数）$= 2 - 2g$

この定理も、くわしい（正確な）証明は省略します。また上記の**オイラー・ポアンカレの定理**は、あくまでも（2次元の）曲面に限定した形です。この定理はより広範囲に一般化され、「面」「辺」「頂点」は姿を消して新たな概念が導入されています。

●「種数gのトーラス」のχ

もう一度やり方を変えて数えてみたところで、証明にはなりません。でも確かに数えた、という実感は大事ですよね。

先ほどは貼り合わせていったので、今度は逆にバラしてみましょう。

まずは**（種数1の）トーラス**をバラして数えてみます。面や辺や頂点の個数は、あくまでもこの分割によるものです。でもオイラー標数 χ は、じつは（多面体でもそうでしたが）どんな分割をしても同一となってくるのです。

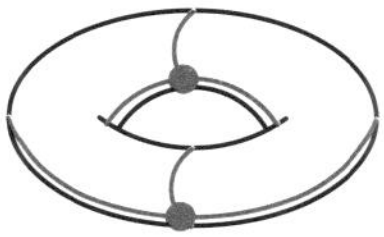

面 … 4枚
辺 … 8本
頂点 … 4個

次に穴が1個増えると、どれだけ増えるのかを見てみます。

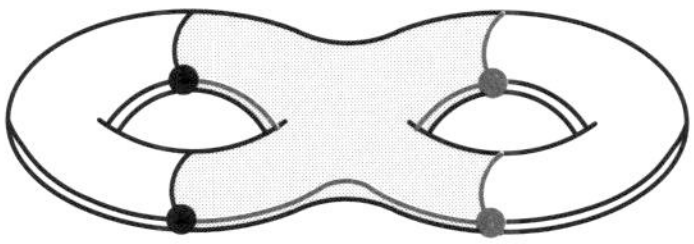

面 … ＋2枚
辺 … ＋8本
頂点 … ＋4個

「種数 g のトーラス」は、（種数1の）トーラスから、穴が $(g-1)$ 個増えて、オイラー標数 χ は次のようになります。

面 … $4+2(g-1)=2+2g$
辺 … $8+8(g-1)=8g$
頂点 … $4+4(g-1)=4g$

$$
\begin{aligned}
\chi &= (\textbf{面}\text{の個数}) - (\textbf{辺}\text{の個数}) + (\textbf{頂点}\text{の個数}) \\
&= (2+2g) - 8g + 4g \\
&= 2-2g
\end{aligned}
$$

● タネ明かし（1）

いよいよこれまでのタネ明かしです。じつは、すべてのタネは「オイラー・ポアンカレの定理」にあったのです。

第２章では、**「穴１つの形」**を見てきました。

正方形では「４枚」、正６角形では「３枚」を各頂点に集めて、キッチリ360°にしました。すると何枚で作っても、必ず「穴１つの形」となったのです。

“平ら”な正多角形で、辺や頂点も“平ら”にしたのさ。

正３角形なら、各頂点に「６枚」集めれば“平ら”ね。

このことを確認してみましょう。面を（一般の）「n 枚」として、定理から種数（穴の個数）「g」を求めるのです。

はたして n に関係なく、いつでも「$g=1$」と出てくるのでしょうか。

正方形 n 枚を用いて、どの頂点にも「４枚」集まるように貼り合わせると、「穴何個の形」となるのでしょうか。

正方形が n 枚なら、辺は全部で $4n$ 本……ではありませんよね。２本ずつ貼り合わせたので、$\dfrac{4n}{2}=2n$ 本です。

頂点も$4n$個ではなく、4枚を頂点に集めて“平ら”にしたので$\frac{4n}{4}=n$個です。

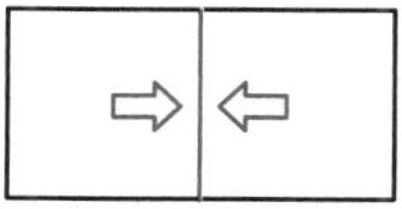
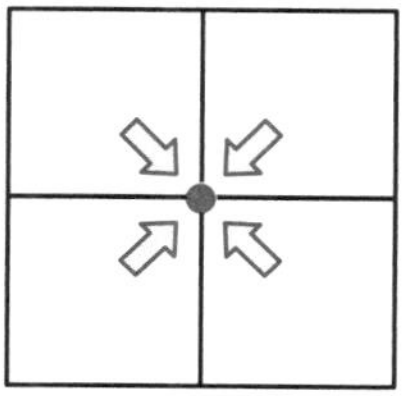

$$
\begin{aligned}
(\text{面の個数})-(\text{辺の個数})+(\text{頂点の個数}) &= 2-2g \\
n-2n+n &= 2-2g \\
0 &= 2-2g \\
1 &= g
\end{aligned}
$$

左辺のオイラー標数は（nが消えて）「0」となり、種数（穴の個数）gは「$g=1$」と出てきました。「穴1個の形」です。

正6角形n枚を用いて、どの頂点にも「3枚」集まるように貼り合わせると、「穴何個の形」となるのでしょうか。

正6角形がn枚なら、辺は全部で$6n$本……ではありませんよね。2本ずつ貼り合わせたので$\frac{6n}{2}=3n$本です。

頂点も$6n$個ではなく、3枚を頂点に集めて“平ら”にした

ので $\frac{6n}{3}=2n$ 個です。

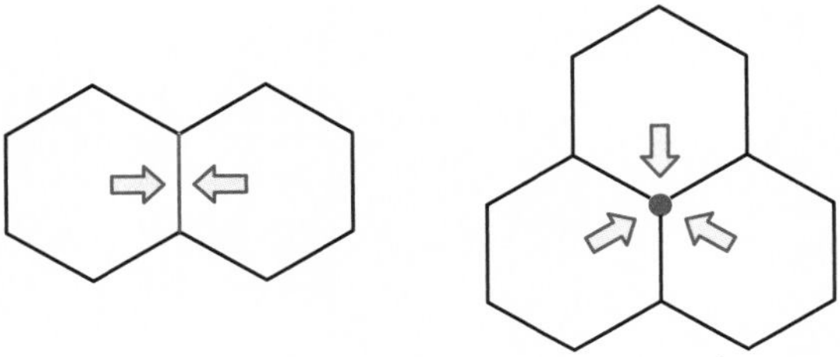

（面の個数）－（辺の個数）＋（頂点の個数）＝２－２g

$$n-3n+2n=2-2g$$

$$0=2-2g$$

$$1=g$$

今回も左辺のオイラー標数は（n が消えて）「0」となり、種数（穴の個数）g は「$g=1$」と出てきました。「穴１個の形」です。

正３角形でやらなかったのは、本当に面倒だったから？

面、辺、頂点が n、$\frac{3n}{2}$、$\frac{3n}{6}$ で、n が偶数だけだから止めることにしたのさ。

● タネ明かし（2）

第３章では、「窓（出入り口）のある形」を作りましたね。中に空気を入れて適当に伸び縮みさせると、イベント会場で見かける（中に子ども達が入って遊ぶ）ふわふわのドーム型です。

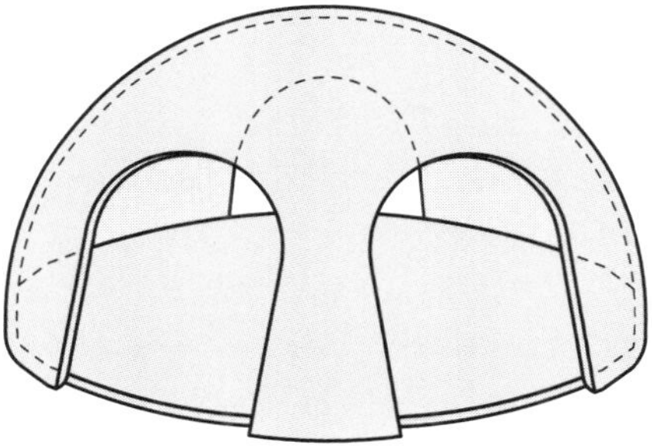

正6角形4枚の「窓3つの形」は、穴2個だったわ。

正8角形4枚の「窓4つの形」は、穴3個だったよ。

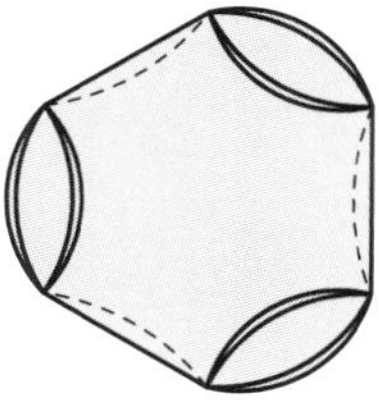
窓3つ

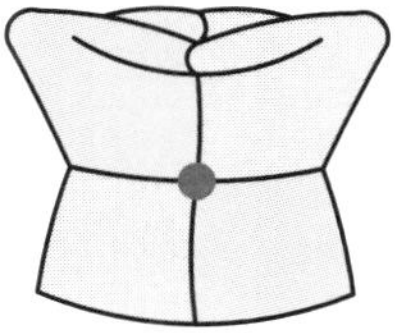
穴2個

窓4つ

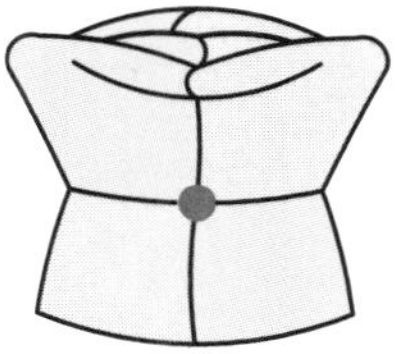
穴3個

それでは正2k角形「4枚」で、各頂点に「4枚」全部集めて同じように作った、**「窓k個の形」**はどうなのでしょうか。

「窓k個の形」は、「穴何個の形」でしょうか。

正2k角形が「4枚」なら、辺は全部で$2k \times 4 = 8k$本……ではなく、2本ずつ貼り合わせたので$\dfrac{8k}{2} = 4k$本です。頂点も8k個……ではなく、4枚を頂点に集めたので$\dfrac{8k}{4} = 2k$個です。

$$
\begin{aligned}
(\text{面の個数}) - (\text{辺の個数}) + (\text{頂点の個数}) &= 2 - 2g \\
4 - 4k + 2k &= 2 - 2g \\
2g &= 2k - 2 \\
g &= k - 1
\end{aligned}
$$

正2k角形「4枚」で作った「窓k個の形」は、種数（穴の個数）gが「$g = k - 1$」と出てきました。「穴（$k - 1$）個の形」です。

$k = 3$の正6角形で作った「窓3つの形」は、穴「3－1」個。
$k = 4$の正8角形で作った「窓4つの形」は、穴「4－1」個。
$k = 5$の正10角形で作った「窓5つの形」は、穴「5－1」個。

「窓 k 個の形」は「穴 $(k-1)$ 個の形」

「正多面体は5種類しか存在しない」というのは……、本当に未来永劫変わらない真実かな。

（曲率0の）ユークリッド幾何というのが大前提だよ。幾何には、（曲率＋1の）球面幾何も、（曲率－1の）双曲幾何も、曲率が一定でない幾何もあるのだよ。

球面から切り取った正多角形は、平面の正多角形より角が大きいから、他に正多面体なんてできっこないわ。

双曲平面から切り取った正多角形なら、大きいほど角が小さいから、頂点に何枚でも集められるよ。

どこで作ってみるかが問題だわ。でも、小さな双曲正多角形は（平面の）正多角形に近いから、5種類の似たような双曲正多面体なら見かけたことがあるような…。

「クラインの壺」や「射影平面」が、数学的には“存在する”といわれてもねぇ。それに「双曲平面」も……。

工作コーナー

正6角形12枚で作る「穴4つの形」

第3章の「工作コーナー」では、**正方形**を頂点に（360°となる「4枚」より1枚多い）「**5**枚」を集めてみました。すると**10枚**で、「**穴2つの形**」が作れましたね。

さて、どこから10枚と出てきたのでしょうか。「オイラー・ポアンカレの定理」を用いて求めてみましょう。

正方形を、どの頂点にも「5枚」集めて貼り合わせます。穴2個とするには、何枚用いるとよいでしょうか。

（正方形の）面の個数を n（枚）として、n を求めます。

面 … n（枚）　，　**辺** … $\dfrac{4n}{2}=2n$（本）

頂点 … $\dfrac{4n}{5}$（個）　，　**穴** … $g=2$（個）

まず、頂点の個数は整数ですから、n は「5の倍数」ですね。

（面の個数）－（辺の個数）＋（頂点の個数）＝ $2-2g$

$$n \quad -2n \quad + \quad \frac{4n}{5} \quad = \quad 2-2\times 2$$

$$
\begin{aligned}
-n + \frac{4n}{5} &= -2 \\
-5n + 4n &= -10 \quad \text{（両辺を5倍）} \\
n &= 10
\end{aligned}
$$

正方形は、確かに「10枚」と出てきましたね。

さて今回の工作は、（正方形ではなく）**正6角形**を用いることにします。正6角形を頂点に（360°となる「3枚」より1枚多い）「**4**枚」集めて、「**穴4つの形**」を作ってみましょう。

ちなみに（正何角形でもよいのなら）、正10角形4枚で「窓5つの形」を作れば、これは「穴4つの形」となっています。

正6角形を、どの頂点にも「4枚」集めて貼り合わせます。穴4個とするには、何枚用いるとよいでしょうか。

（正6角形の）面の個数を n（枚）として、n を求めます。

$$
\left(
\begin{array}{llll}
\textbf{面} & \cdots \ n \text{（枚）} & , & \textbf{辺} \ \cdots \ \dfrac{6n}{2} = 3n \text{（本）} \\
\textbf{頂点} & \cdots \ \dfrac{6n}{4} = \dfrac{3n}{2} \text{（個）} & , & \textbf{穴} \ \cdots \ g = 4 \text{（個）}
\end{array}
\right)
$$

まず、頂点の個数は整数ですから、n は「偶数」ですね。

(面の個数) − (辺の個数) + (頂点の個数) = $2-2g$

$$
\begin{aligned}
n \quad -3n \quad + \quad \frac{3n}{2} &= 2-2\times 4 \\
-2n \quad + \quad \frac{3n}{2} &= -6 \\
-4n \quad + \quad 3n &= -12 \quad \text{(両辺を2倍)} \\
n &= 12
\end{aligned}
$$

正6角形は「12枚」と出てきました。

それでは、さっそく作っていきましょう。正6角形**12枚**を、どの頂点にも「4枚」集めて貼り合わせるのです。正6角形の型紙の作り方は、p68にあります。

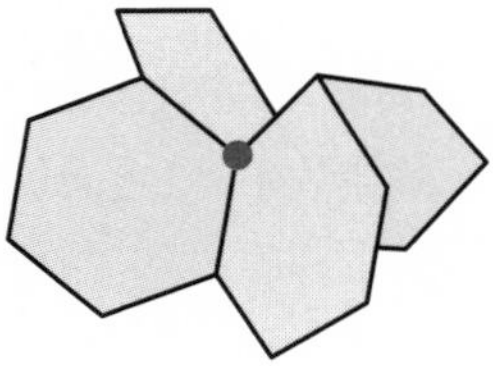

貼り合わせ方はいろいろあるので、以下はあくまでも例です。

〔例1〕 まずは簡単なものです。

p101では8枚で作ったので、これに4枚追加して12枚にします。

次の図で、“左右”の太線どうしを貼り合わせ、さらにその隣の“上下”重なっている箇所も貼り合わせます。

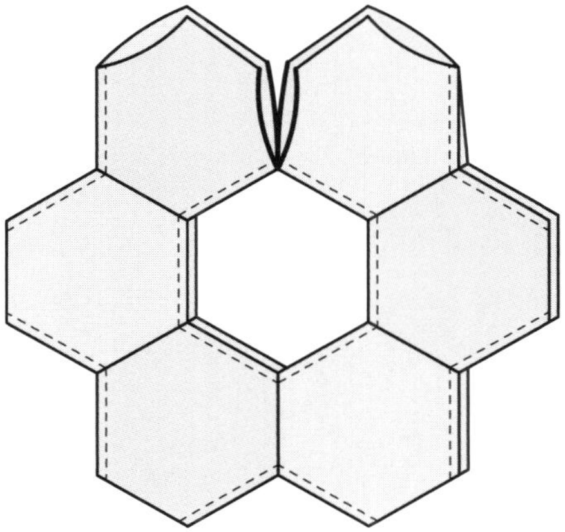

　すると下図のような、輪が6個ある形になります。ドーナツで見かけるような、中央に穴1個がある形です。

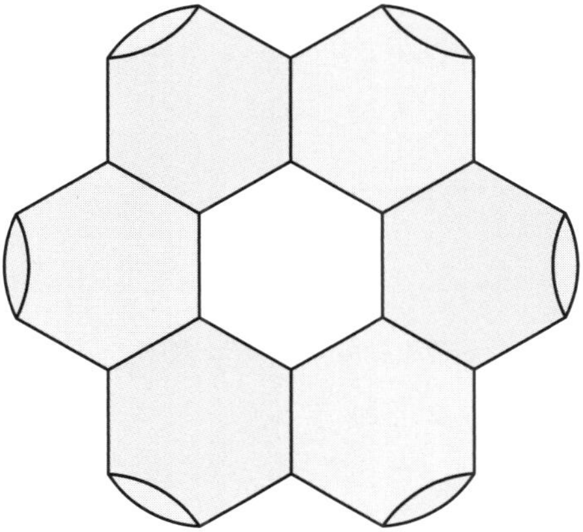

いよいよ、輪と輪を貼り合わせます。

下図左側のように、隣り合った輪と輪を貼り合わせると、想定通りの形となってきます。できあがった形を見ても、穴は中央の１個と輪と輪をつないだ３個とで、合計４個と一目で分かります。

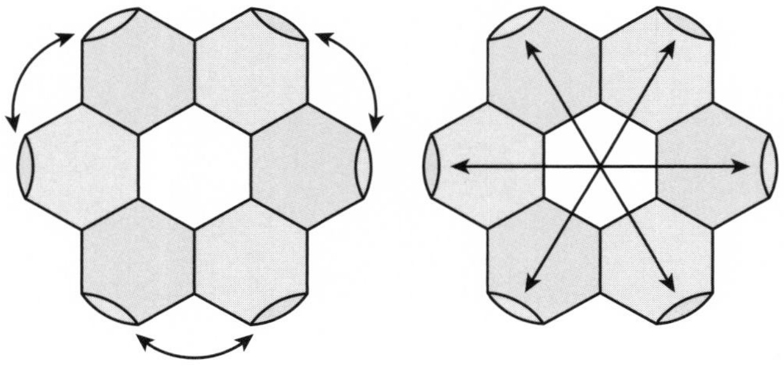

上図右側のように、向かい合った輪と輪を（上から下から）貼り合わせると、少し複雑な形になってきます。できあがった形からは、穴が４個と見抜けない可能性が大です。

もし布で（右側を）作ったら、こねくり回してもいいですね。もっとも、楽しいかどうかは疑問です。むしろイライラするだけかもしれません。

〔例２〕こちらは想定外の形かもしれませんよ。

まずは上６枚と下６枚を貼り合わせます。

さらにこの重ねた上下を、中央の穴だけでつながるように貼り合わせます。周りはそのままなので、ヒラヒラとめくれる状態です。

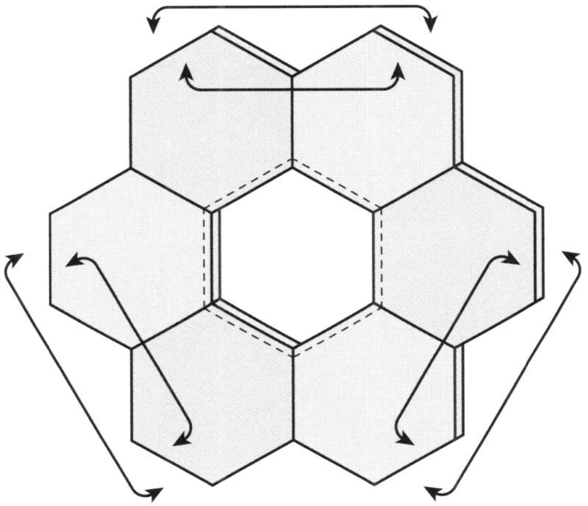

ここで、矢印の辺どうしを貼り合わせます。表3箇所、裏3箇所の計6箇所です。

すると中央には、上に1個、下に1個の大きな輪ができます。周りの3箇所には、上下2個ずつ計2×3＝6個の小さな輪ができます。

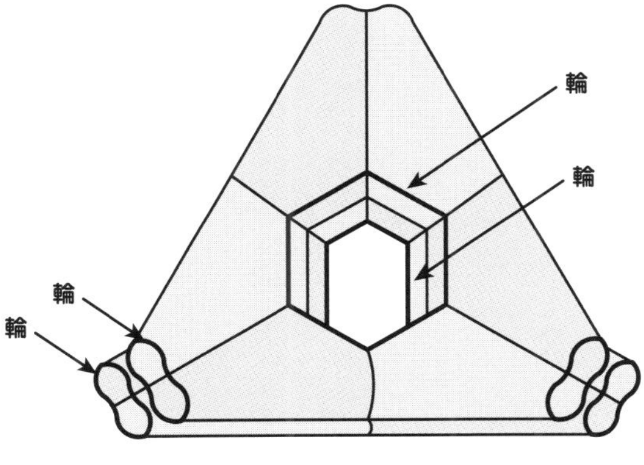

この中央の上下の輪と輪、3箇所の上下の輪と輪を貼り合わせます。これで「穴4つの形」の完成です。中央に1個の“大きな穴”、周りに3個の“小さな穴”があります。ユニークな形で、まるで宇宙ステーションのようですね。(写真p8)

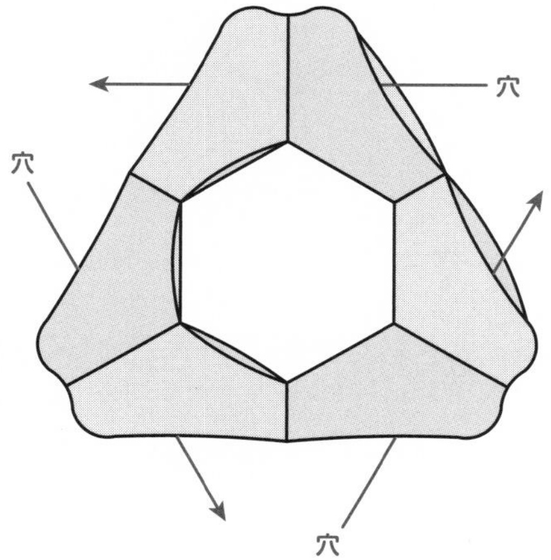

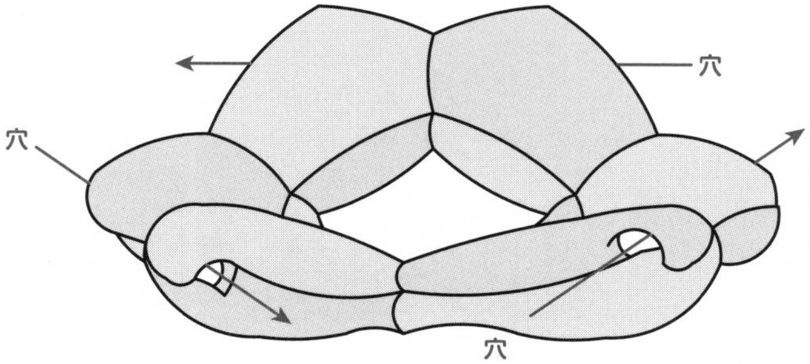

索引

参考文献

[1]『幾何学12章』（日本評論社）
難波 誠（著）

[2]『作図で身につく双曲幾何学』（共立出版）
阿原 一志（著）

[3] フリー百科事典『 ウィキペディア（Wikipedia）』
「三角法」「球面三角法」「非ユークリッド幾何学」の項目

著者プロフィール

小林 吹代（こばやし・ふきよ）

1954年、福井県生まれ。
1979年、名古屋大学大学院理学研究科博士課程（前期課程）修了。
2014年、介護のため教職を早期退職し、現在に至る。
著書に、『見えてくる数学』（すばる舎）『ピタゴラス数を生み出す行列のはなし』（ベレ出版）『ガロア理論「超」入門 ～方程式と図形の関係から考える～』（技術評論社）『マルコフ方程式 ～方程式から読み解く美しい数学～』（同上）『ガロアの数学「体」入門 ～魔円陣とオイラー方陣を例に～』（同上）など。
【URL】 http://fukiyo.g1.xrea.com
「12さんすう34数学5Go!」

知りたい！サイエンス

正《せい》多《た》面体《めんたい》は本当《ほんとう》に５《ご》種類《しゅるい》か

～やわらかい幾何《きか》はすべてここからはじまる～

2020年６月25日　　初版　第1刷発行

著　者　小《こ》林《ばやし》吹《ふき》代《よ》
発行者　片岡　巖
発行所　株式会社技術評論社
東京都新宿区市谷左内町21-13
電話　03-3513-6150　販売促進部
03-3267-2270　書籍編集部
印刷／製本　港北出版印刷株式会社

●装丁
中村友和（ROVARIS）
●本文デザイン、DTP、イラスト
株式会社RUHIA

定価はカバーに表示してあります。

造本には細心の注意を払っておりますが、万一、乱丁（ページの乱れ）や落丁（ページの抜け）がございましたら、小社販売促進部までお送りください。送料小社負担にてお取り替えいたします。

ISBN978-4-297-11385-8　C3041
Printed in Japan